网络空间安全
原理与实践

田 果 徐龙泉 著

人民邮电出版社

北京

图书在版编目（CIP）数据

网络空间安全原理与实践 / 田果，徐龙泉著. -- 北京 : 人民邮电出版社，2022.1
ISBN 978-7-115-57769-6

Ⅰ．①网… Ⅱ．①田… ②徐… Ⅲ．①计算机网络－网络安全 Ⅳ．①TP393.08

中国版本图书馆CIP数据核字(2021)第220758号

内 容 提 要

　　本书是信息安全、网络空间安全系列教材的第一册，主要着墨于信息安全的基本原理、各类网络攻击方式与基于思科设备的防御特性、AAA（认证、授权和审计）的原理与部署、防火墙的基本原理、加密原理与VPN（虚拟专用网络）的基本概念及基于思科设备的实现等内容。另外，本书也简单介绍了一些扫描工具及其在 Windows 环境中的基本使用方法。

　　本书不仅适合计算机网络、信息安全、网络空间安全专业的学生作为教材使用，而且适合网络安全技术爱好者，以及各类学完 CCNA 课程或者思科网院课程，希望进一步了解安全相关技术及原理的技术人员阅读。

◆ 著　　　田　果　徐龙泉
　　责任编辑　傅道坤
　　责任印制　王　郁　焦志炜

◆ 人民邮电出版社出版发行　　北京市丰台区成寿寺路 11 号
　　邮编　100164　　电子邮件　315@ptpress.com.cn
　　网址　https://www.ptpress.com.cn
　　天津千鹤文化传播有限公司印刷

◆ 开本：800×1000　1/16
　　印张：13　　　　　　　　　　2022 年 1 月第 1 版
　　字数：276 千字　　　　　　　2022 年 1 月天津第 1 次印刷

定价：69.90 元

读者服务热线：(010)81055410　印装质量热线：(010)81055316
反盗版热线：(010)81055315
广告经营许可证：京东市监广登字 20170147 号

作者简介

田果，CCIE #19920，毕业于北京工业大学，12 年网络行业从业经验，工作内容涵盖项目管理、工程实施、课程设计、学员培训、教材出版等。曾深度参与大量与业内领头企业、院校的合作项目，并在 2020 年主导了思科网络技术学院系列图书（CCNAv7）及配套资源的本土化工作。原创教材 6 册，译作 20 余册。

徐龙泉，毕业于华南理工大学，12 年网络行业从业经验，珠海市高层次人才、高级工程师、思科网络技术学院教师培训讲师（ITR），累计培训了 800 多位来自全国高校的教师。近三年来，专注于网络安全相关领域的师资培训及企业定制化培训，出版教材 3 部，发表论文 5 篇，获发明专利 2 项。

技术审稿人简介

李华成，CCIE #16928，毕业于南京师范大学，15 年网络行业从业经验，工作内容涵盖企业网络设计的实施和维护，曾参与国际一线品牌亚太企业通信网络的部署与实施、国内电力系统网络运维、国内电商数据中心部署等工作，并长期从事思科网络培训工作，曾多次为国内省级运营商企业网络运维人员提供过相关培训。

前言

　　2018 年底，我们和思科公司的同仁开始协商开发一套可以供高校培养信息安全、网络空间安全领域实践型人才的课程体系，内容涵盖信息安全和网络安全的基本概念、各类扫描和攻击手段的原理与实施，以及对应的防御手段。我们设计的课程体系在 2019 年 6 月 14 日通过了思科公司产品部专家和高校专家的评审，之后在 2019 年 9 月 11 日向思科公司的专家进行了课程演示，并获得了他们一致的好评。同期，我们开始计划针对这套课程推出对应的系列教材。

　　本书是该系列教材的第一册，核心内容集中在一系列涉及网络安全的基本概念、原理和方法上，旨在介绍必备的网络安全设计、攻击、防御概念和一系列网络安全相关的产品与技术。本书的读者应该：

- 具备基本的网络基础知识，尤其具备 TCP/IP 协议栈的基本知识，最好已经完成了思科网络学院（CCNAv6/CCNAv7）的学习，或者已经完成了计算机网络课程的学习；
- 掌握一定的思科设备调试能力，包括有能力在思科路由器和交换机上对接口、VLAN 等进行基本的配置；
- 希望进一步了解网络、信息安全的相关知识和解决方案，或者自己所学的专业要求掌握网络、信息安全的概念和方法。

　　本书由 7 章构成，每一章都在最后提供了小结和习题。这 7 章的内容如下所述。

- **第 1 章**，"**网络安全威胁**"：本章会概述网络和信息安全的原则与设计方法，其中也会涉及一些比较具体的网络攻击方式。同时，本章也会从园区网设计方案入手，介绍各类安全策略在网络中的部署位置。
- **第 2 章**，"**保护设备安全**"：本章首先介绍终端设备上的安全措施，包括防火墙和杀毒软件等，接下来介绍局域网中常见的各类安全威胁及交换机上可以用来防御这些攻击的技术。同时，本章还介绍如何给设备的不同用户账号分配管理角色，从而区分不同用户的管理权限。在管理方面，本章列举一些常用的协议和工具，包括简单网络管理协议（SNMP）、系统日志和网络时间协议（NTP）。在简单介绍完如何保护设备管理屏幕之后，本章还会介绍一些保护设备控制屏幕的方法和框架，最后将介绍一个一键化的设备安全加固工具。
- **第 3 章**，"**认证、授权和审计（AAA）**"：本章会首先介绍 AAA 的概念以及两种常见的部署方式，并且简单展示如何部署本地 AAA。接下来，本章会把重点放在基于服务器的 AAA 上。本章首先介绍 RADIUS 和 TACACS+ 两种协议，并且会对思科 ISE 的界面进行简要的介绍。本章最后两节会通过一个简单的拓扑来介绍如何在基于 ISE 服务器的环境中配置基于服务器的认证、授权和审计。

- 第 4 章,"加密系统":本章从加密的起源说起,对几种常见的加密系统与加密算法进行介绍。介绍完对非对称加密算法之后,本章会介绍数字签名以及散列函数。本章最后一节还会对证书及相关的概念进行概述。
- 第 5 章,"实施虚拟专用网络技术":在第 4 章内容的基础之上,本章会对 VPN 展开介绍。本章首先介绍 VPN 的概念和分类,然后详细介绍 IPSec VPN 所涉及的一系列组件及设备执行相关操作的方法。本章最后通过一个简单的拓扑,演示了如何通过传统的命令行方式实施站点间 IPSec VPN。
- 第 6 章,"实施自适应安全设备":本章围绕着访问控制和防火墙的概念展开,首先对访问控制列表的工作原理和类型进行介绍,接下来把重点放在防火墙上,介绍防火墙的发展历史,以及基于区域的策略防火墙的概念,并且在此过程中对CBAC(基于上下文的访问控制)进行了说明。最后,本章会对思科硬件防火墙进行介绍,同时展示思科 FDM 管理界面的使用方法,并且展示了一个简单的IPSec VPN 实验。
- 第 7 章,"管理安全网络":本章首先介绍两种常用的网络安全测试工具,旨在发挥"启后"的作用,降低读者学习下一册教材的知识门槛。接下来,本章会"承前"介绍制定全面安全策略的方法,为全册图书作结。

本书的设计目的是将本书与配套实验手册和 PPT 一起使用,从而服务于信息安全、网络空间安全专业学生一个学期的学习和教学任务。

必须承认,写作一本安全相关的图书,尤其是写作一本带有实践目的、包含演示内容的安全图书总会给作者如履薄冰之感。虽然本书介绍的内容比较基础,对于扫描、攻击等内容还没有进行深度介绍和详细演示,但通过使用本书中介绍的技术和工具,再加上自己的一些知识储备和网络上找到的信息,读者就已经具备了实施犯罪的初级技能——当然,脚本小子实施的犯罪可以被轻而易举地发现并且受到法律的制裁。

理论上,如果本书介绍的内容没有超出正规厂商公开的技术范畴,同时也没有暗示、启迪、讲解或者演示使用这些工具发起攻击的方法,那么读者实施犯罪和阅读图书之间的关联性也就无法证明,作者也可以大致避免与之相关的法律连带责任。但是,我们仍然真诚地告诫有志于从事安全行业的读者:永远不要在任何因素的驱使下,为任何机构提供破坏其他机构网络、系统安全性的服务。在任何条件下,高明的黑客都不应该成为被人们羡慕、崇拜和模仿的对象。那些有能力通过建立系统、开发技术、设计方案来避免一切组织和个人遭到黑客攻击的人,才应该是人们心目中的英雄。我们诚挚地希望,无论读者供职于哪些机构,都应该致力于让人类社会变得更加安全、公正、自由，让人类社会最终变得更加美好。除了在可控虚拟环境中的实验操作，以及在甲方许可下的测试行为之外，不应有任何破坏网络、信息安全的攻击行为被粉饰为合理的行为。这不仅仅是法律的底线，也应该成为每一位安全从业人员良知的底线。

本书在出版过程中得到了来自各方的帮助与支持，除了需要感谢我的合著者徐龙泉老师和技术审校李华成老师，还要感谢余建威老师、罗建明老师、刘建飞老师和周伟杰老师，以及思科（中国）副总裁侯胖利先生、思科（中国）资深系统架构师彭达卫先生、思科（中国）资深安全产品架构师吴清伟先生在本书创作过程中给予的扶持与帮助。

最后，必须专门感谢思科（中国）教育行业商业发展经理何伟先生。如果没有何兄的鼎力支持，整个课程体系都不会问世，遑论这套教材。

资源与支持

本书由异步社区出品，社区（https://www.epubit.com/）为您提供相关资源和后续服务。

提交勘误

作者和编辑尽最大努力来确保书中内容的准确性，但难免会存在疏漏。欢迎您将发现的问题反馈给我们，帮助我们提升图书的质量。

当您发现错误时，请登录异步社区，按书名搜索，进入本书页面，单击"提交勘误"，输入勘误信息，单击"提交"按钮即可。本书的作者和编辑会对您提交的勘误进行审核，确认并接受后，您将获赠异步社区的 100 积分。积分可用于在异步社区兑换优惠券、样书或奖品。

扫码关注本书

扫描下方二维码，您将会在异步社区微信服务号中看到本书信息及相关的服务提示。

与我们联系

我们的联系邮箱是 fudaokun@epubit.com.cn。

如果您对本书有任何疑问或建议,请您发邮件给我们,并请在邮件标题中注明本书书名,以便我们更高效地做出反馈。

如果您有兴趣出版图书、录制教学视频,或者参与图书翻译、技术审校等工作,可以发邮件给我们;有意出版图书的作者也可以联系我们。

如果您是学校、培训机构或企业,想批量购买本书或异步社区出版的其他图书,也可以发邮件给我们。

如果您在网上发现有针对异步社区出品图书的各种形式的盗版行为,包括对图书全部或部分内容的非授权传播,请您将怀疑有侵权行为的链接发邮件给我们。您的这一举动是对作者权益的保护,也是我们持续为您提供有价值的内容的动力之源。

关于异步社区和异步图书

"**异步社区**"是人民邮电出版社旗下 IT 专业图书社区,致力于出版精品 IT 技术图书和相关学习产品,为作译者提供优质出版服务。异步社区创办于 2015 年 8 月,提供大量精品 IT 技术图书和电子书,以及高品质技术文章和视频课程。更多详情请访问异步社区官网 https://www.epubit.com。

"**异步图书**"是由异步社区编辑团队策划出版的精品 IT 专业图书的品牌,依托于人民邮电出版社近 30 年的计算机图书出版积累和专业编辑团队,相关图书在封面上印有异步图书的 LOGO。异步图书的出版领域包括软件开发、大数据、AI、测试、前端、网络技术等。

异步社区

微信服务号

目录

第 1 章

网络安全威胁

在本书写作之时，席卷全球的新冠病毒正在威胁着全人类的安全。为了安全，哪怕是最渴望自由呼吸的人们也纷纷戴上了口罩。

对人类来讲，健康和安全是 1，其他都是 0。网络何尝不是如此。问题在于，尽管威胁网络安全的事件一再发生，但似乎并没有唤起太多人保护网络安全的意识。除金融和涉密领域的机构之外，人们在设计和部署网络时，仍然把网络安全视为网络的一项增值服务，就像网络中的那些高级应用一样。

与淡漠的网络安全意识形成鲜明反差的是，网络犯罪已经呈现出越来越明显的集团化、功利化趋势，网络犯罪造成的损失也在以超过摩尔定律的速度不断攀升。随着万物互联时代的到来，这种反差随时可能导致人们面临比财产损失更加无法承受的网络安全风险。

多年以来，网络安全技术人员尤其是售前工程师孜孜不倦强调的一点就是，网络安全并不是增值服务，它是人们在规划、设计、部署、实施、运维网络时应该时刻考虑，并且视情况不断变化的方案与策略。虽然在网络安全事件发生之后，再对网络的安全性进行增补至少可以避免相同的问题再次发生，但一个缺乏安全性考虑的网络必然时刻面临各种安全威胁的考验，而这种亡羊补牢的手段也必然使大家疲于应付大量的安全事件而最终捉襟见肘。

本章的主要内容有：什么是网络安全；为了实现网络安全，设计网络时应该坚持哪些原则；一个完善的网络安全策略中应该包含哪些设计内容；网络中面临着什么样的威胁；在网络的各个区域中，有哪些措施可以缓解这些威胁。

1.1 保护网络安全及安全原理

古往今来，信息的价值不言而喻。纵观量子网络问世以前的人类历史，只要出现一种传播信息的渠道，就会立刻产生无数针对这种渠道的攻击方式。究其目的，要么是为了窃取其中传递的信息，以便从中渔利，要么是为了破坏这条信息传播的渠道，让信息无法正常传输。计算机网络如今已经承载了太多的信息，对于那些渴望通过破坏信息安全来获取利益的人来说，对网络安全进行破坏也拥有了无穷的吸引力。

如果把美国国家科学基金网（NSFNet）的问世视为互联网诞生的元年，那么网络攻击也几乎是在同一时期成为一项有利可图的产业。在过去 30 余年的时间里，IT 领域的大量成果在造福人类的同时，也大量转化为攻击者手中的利器。世界经济论坛（World Economic Forum）在 2018 年的报告中提到："发起网络攻击的能力，比应对这些攻击的能力发展得更快。"

在本书中，"网络安全"和"信息安全"这两个概念都会出现。因此，有必要在先对这两个概念进行一下解释：网络安全和信息安全并不是完全相同的概念。网络安全可以视为是信息安全的一个子集。比如，在一台离线的 PC 机（没有连接网络）上安装防病毒软件，来防止恶意代码删除或者修改这台 PC 机上的文件或系统，这就不是网络安全的范畴，但仍然属于信息安全。因为信息安全涉及的风险并不止于网络风险，还包括系统风险、应用风险、管理风险等。

1.1.1   网络/信息安全原则

既然网络安全属于信息安全这一门类，因此也符合信息安全的普遍原则。

在各类针对信息安全总结的原则中，最知名的当数信息安全 CIA 三元组（CIA triad）。CIA 三元组最早作为一种国际标准被提出，可以追溯到 ISO/IEC 27000:2009，该标准的标题即为"信息科技——安全手段——信息安全管理系统——概述与术语"（Information technology-Security techniques - Information security management systems - Overview and vocabulary）。这三元组分别为机密性（Confidentiality，也称保密性）、完整性（Integrity）和可用性（Availability），如图 1-1 所示。

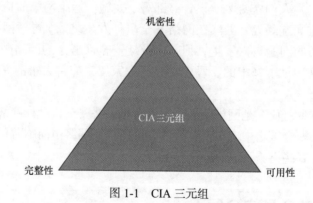

图 1-1   CIA 三元组

1. 机密性

机密性可以和私密性（**Privacy**）替换使用，指数据无法由未经授权方进行浏览或使用的属性。保障信息机密性强调的是，在信息不可避免地会被未经授权方获取到的情况下，获取到信息的任何一方必须拥有授权才能浏览和使用信息。因此，在网络安全领域，保障机密性的手段通常为加密，如图 1-2 所示。

在图 1-2 中，由 PC 发送的数据经过路由器加密之后，未经授权人员虽然截获了该数据，但仍然无法浏览或者使用。因此，如果能够保证只有授权方才能拥有解密密钥，而未经授权方无法通过数学手段在符合逻辑的时间长度内通过运算获得解密密钥或者对加密数据进行解密，那么信息的机密性也就得到了保证。

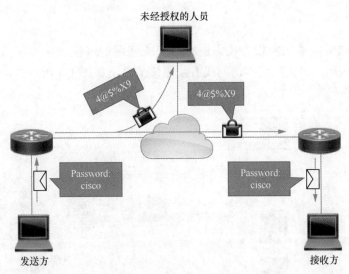

图 1-2 保护信息机密性

2. 完整性

完整性是指信息或者数据的准确性和完备性。保障完整性强调的是，信息不会被未经授权方（中途）篡改，如图 1-3 所示。

在图 1-3 中，未经授权的人员通过修改，让接收方接收到了误导的信息，破坏了信息的完整性。在计算机网络领域，保障信息完整性的手段包括对信息执行校验，也就是发送方在发送信息之前对信息执行校验运算，把运算结果封装在信息中发送给接收方。接收方按照相同的校验函数再次对数据执行运算，并且把校验结果与接收到的校验数据进行比较，判断自己接收到的数据与发送前是否相同。

图 1-3 完整性遭到破坏

当然,如果信息的机密性无法得到保证,那么这样的校验手段只能检测出因为通信媒介问题所带来的完整性破坏,而无法判断数据是否遭到了篡改。

3. 可用性

可用性是指数据能够由授权方按需进行访问或使用的属性。如果信息的可用性遭到破坏,则意味着合法用户也无法正常访问或者使用该信息,如图 1-4 所示。

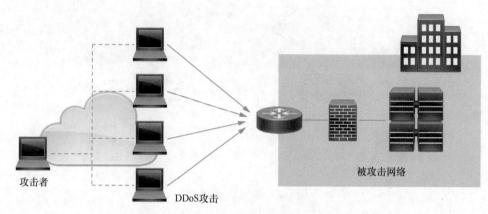

图 1-4 攻击者通过 DDoS 攻击破坏了被攻击网络的可用性

在图 1-4 中,一名攻击者入侵了大量主机,并且针对一个网络发起了分布式拒绝服务(DDoS)攻击,让被攻击网络被大量流量淹没,无法正常响应外部合法用户发起的访问。

在实际的网络环境中,破坏网络可用性的方法有很多,因此保护网络可用性的方法也有不少,后面的内容会提到其中的一些。

这三项信息安全原则的重要性毋庸置疑,但针对 CIA 三元组,一直以来都有一种质疑得到了很多从业者的支持,那就是 CIA 仍然不足以概括所有的信息安全原则。另外一些被人们认为同样重要的信息安全原则还包括下面这些。

- 抗抵赖性(Non-repudiation):网络环境具备能够证明网络中发生的事件或操作,及其(该事件与操作)与相关网络实体之间关系的能力。
- 真实性(Authenticity):网络实体的身份与其声称身份相符的属性。
- 可审计性(Accountability):能够记录网络中时间及操作的能力。

上述原则都对应一些常见的攻击与安全措施,这些内容会在后文进行介绍。

1.1.2 网络安全设计指导方针

目前,除了使用量子网络作为传输媒介确实"绝对安全"之外,没有第二种放之四海而皆准的网络设计方案可以解决所有的网络安全隐患。另外,各个网络的领域、经费、规模、人员等因素都存在巨大的区别,因此不存在能够满足一切需求的网络设计方案。但是,要想确保网络的安全性，却有一系列的设计指导方针可供人们在设计网络时围绕着网络的具体需求进行借鉴，以免在设计层面出现重大的问题。

下面简单介绍几种可以用来保护网络安全的设计指导方针。

- 分区原则：在一个具有一定规模的网络中，不同部分经常需要采用不同的安全策略。网络安全区域是指在互联网络环境中实施相同安全策略的网络部分。通过划分区域的方式，可以防止网络在遭到某种攻击时，这种攻击方式能轻易蔓延到整个网络中。另外，借助区域划分的方式，可以在最重要的位置部署格外严格的安全策略，为允许外部访问的位置部署相对开放的安全策略，从而避免了网络安全策略的"一刀切"。严格来说，区域划分现在已经不再是一种网络安全的设计原则，而是部署安全策略时无法回避的做法。后文在介绍 IOS 防火墙和 ASA 时，会深入介绍这方面的内容。

- 深度防御：网络威胁可能发生在网络的任何位置，也可能针对任何目标协议、设备进行攻击。因此，防御措施不能依赖于任何一种类型的设备，更不能针对 OSI 模型的任何一层提供防御。一个可靠的安全网络，应该使用从机房门禁到保护应用软件和应用数据的机制在内的一切措施，来避免恶意攻击。

- 最薄弱链条原则：网络安全符合木桶（短板）原理。最不安全的环节代表了整个网络的安全性水平。比如，一个安全策略配置合理，完善且动用了各类安全防护产品和措施的网络，如果物理层防护不到位，外来人员可以轻易把自己的"流氓"（rogue）设备接入网络，甚至轻易进入机房，那么前面的一切安全措施也就形同虚设。再比如，一个网络如果其他安全措施都很到位，只是没有对员工进行足够的安全意识培训，那么攻击者也就可以轻而易举地通过社会工程学手段入侵到这个网络中。所以，在设计安全策略时，提升网络安全效率最好的做法，是提升当前网络最薄弱的环节。

- 最低权限原则：在任何情况下，应该只给网络用户分配必要程度上的最低权限。这一点不仅对于有设备管理权限的账户来说格外重要，而且也适用于限制网络用户和网络流量利用网络工作原理来发起的能力。

上文中重复出现了安全策略这个概念，下面对安全策略的概念进行解释。

1.1.3　安全策略

在进行技术实施的时候，人们经常会提到"安全策略"。技术实施中的安全策略，多指实施某些特定的技术或者设备特性。但本书介绍的安全策略是指企业的安全策略。

企业安全策略是对一家组织机构中，所有技术与信息资产的合法使用者所必须遵守的操作准则所定义的正式条款。在网络设计之初，就应该根据需求定义好对应的安全策略，并且在之后严格地执行，因为安全策略可以：

- 指导用户、员工和管理层的操作行为；
- 制定安全机制；
- 设定操作基线；
- 对人员和信息形成有效的保护；
- 设定合法的操作行为；
- 授权专业人士对网络进行监测；
- 定义哪些行为违反（violate）了安全策略，以及针对这些行为的处理方式。

安全策略的构成如图 1-5 所示。

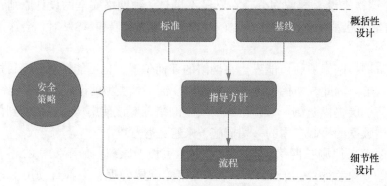

图 1-5   安全策略的构成

　　如图 1-5 所示，安全策略中至少应该包括标准、基线、指导方针和流程 4 部分。其中标准和基线是概括性设计（High-Level Design），而流程属于细节性设计（Low-Level Design）。概括性设计中的标准用来指定在这个网络环境中应该使用哪些技术；基线指定了安全需求的最低限度应该满足什么要求；指导方针定义了如何实现标准中定义的技术；流程则应该明确写明技术人员在按照指导方针实施或者执行标准时，具体应该如何进行操作。

　　在对网络安全及与网络安全有关的概念进行了一些解释和澄清后，接下来看一下网络长期面临的一系列安全威胁。

1.2　网络安全威胁

　　1.1 节曾经提到，自从 NSFNet 问世以来，网络安全威胁一直如影随形。同时，随着网络技术的发展和人们对各类网络应用依赖的加深，网络安全威胁也在同步发生变化。

　　在过去一段时间里，威胁事件发生变化的趋势包括（但不限于）下述几种。

- 攻击方式变化小：攻击的方式仍然是我们所能看到的病毒、窃听、资料修改、DoS 攻击、中间人攻击、欺骗攻击、溢出攻击、网络钓鱼等，在形式上并没有太大变化。
- 攻击目的多样化：在 2000 年前后经常光顾各类计算机机房的人，会感叹现在的网络更安全了，因为他们不再像过去那么频繁地体验到 ARP 攻击导致的断网。但实际情况是，网络攻击的数量和带来的损失都在以超过摩尔定律的速度增长。这种主客观的认知差异在于，如果过去的攻击主要以简单的恶作剧和炫耀为主，那么如今的网络攻击已经完全是由利益驱动的行为了，动机从经济、政治、战争到能源不一而足。因此，如果不是高净值人群，体验到网络攻击的机会反而没有过去多。

- 攻击手段由单一变得复杂：由于网络攻击的目的性远比过去更强，攻击成功带来的利益和攻击失败带来的后果也与之前不可同日而语，因此往往在执行网络攻击之前都需要经过精密的部署和长期的潜伏，最终采取多种技术、非技术的攻击手段来达到最终目的。

为了对网络安全威胁进行分析，微软公司在 2017 年曾经把安全威胁分为 6 大类，合称为 "STRIDE 威胁模型"（STRIDE Threat Model）。

1.2.1 STRIDE 威胁模型

STRIDE 中定义的 6 种安全威胁分别为身份欺骗、篡改数据、抵赖、信息泄露、拒绝服务和提权。本节会结合微软公司提供的思路，对几种常见的威胁类型进行介绍和延伸。

1. 身份欺骗

按照微软公司的说法，**身份欺骗的最好例子就是非法访问并使用合法用户的认证信息，比如用户名和密码**。通过冒用用户名和密码，被登录的设备就会为攻击者赋予合法用户的一切权限。

获取合法用户认证信息的方法有很多，其中社会工程学是很常见的手段。

社会工程学是指通过周围的人来获取信息或者得到想要的结果。这也就是说，社会工程学采用的不是攻击计算机、网络系统软硬件的技术手段，它的目标是那些有权限使用目标系统的人，攻击的手段也是利用社会场合在人身上寻找漏洞。

延伸阅读：在很多对黑客的印象停留在影视作品层面的人看来，黑客都是一些精通计算机和网络技术，同时身材臃肿，整日与垃圾食品为伴，基本丧失社会交际能力的"技术宅"。但实际情况是，高明的黑客往往不仅是技术天才，而且也是社交领域的顶尖高手。他们不仅可以摇身一变衣冠楚楚，而且拥有惊人的心理素质，更懂得察言观色并且善于利用人们的弱点和性格缺陷。有"世界头号黑客"之称且大名见诸于《侠盗猎车手》《杀出重围》等游戏的凯文·米特尼克就是社会工程学的高手。被他入侵过计算机系统的机构包括诺基亚、摩托罗拉、SUN、Novell、FBI、五角大楼、克里姆林宫等。对米特尼克传奇经历感兴趣的读者，可以购买他本人"金盆洗手"之后写作的几本图书，包括《反入侵的艺术》《反欺骗的艺术》和《线上幽灵》。对于准备进入网络安全行业的人来说，不熟悉黑客的社会工程学手段，让黑客在自己身上（而不是自己设计的系统中）发现了漏洞，打通了关节，这无疑是非常失败的。

社会工程学的手段如下所述。

- **诈骗电话**：在网站上收集到公司组织架构和合作项目展示之后，通过打电话的方式冒充一家企业的领导、大客户，引导受害者提供可以发起身份欺骗的信息。
- **网络诱骗攻击、钓鱼攻击**：不法分子仿冒真实网站的 URL 地址以及页面内容，或利用真实网站服务器程序上的漏洞在站点的某些网页中插入危险的 HTML 代码，以此来骗取用户输入认证信息，如银行卡账号、密码等私人资料。
- **随手乱放的 U 盘**：一方面，如果一家企业的员工随手乱放自己的移动存储设备，那么攻击者就可以轻易获取到设备中存储的信息，并利用这些信息来发起社会工程学攻击，获取更加敏感的身份认证信息，进行身份欺骗；另一方面，如果一家企业的员工在看到别人"随手乱放的 U 盘"后，出于好奇插入到自己的电脑中，也有可能导致自己电脑中的身份信息被黑客窃取。
- **偷窥**：比如，攻击者可能会冒充企业的访客或者员工，进入企业的办公区域，在员工输入认证信息时偷窥并且记录。

2. 篡改数据

图 1-3 中已经展示了篡改数据有可能带来的破坏。在 CIA 三元组中，保障数据完整性也是为了防止数据遭到攻击者的篡改。

3. 抵赖

1.1 节曾经提到，网络安全的原则包含"抗抵赖性"。抵赖作为一种安全威胁，是指攻击者不承认自己曾经在网络中进行过任何非法的操作，从而从一次攻击行为中全身而退。因此，为了针对非法行为发起司法起诉、防御系统遭到进一步的入侵等，一个网络系统中应该拥有相应的机制来保证可以跟踪这样的行为，证明用户执行了某项操作。签收快递就是这样的行为，它通过底单的签名，快递公司可以证明接收方已经收到了快递的物品，让接收到物品的人无法抵赖。

4. 信息泄露

信息泄露是指信息被原本无权浏览信息的人员所浏览。如果泄露的信息与用户的登录信息有关，那么信息泄露也可能造成前面介绍过的身份欺骗。所以，信息泄露这种威胁既有可能通过技术手段（比如发起中间人攻击等）来发起，也有可能通过非技术手段（比如社会工程学）来发起。

5. 拒绝服务

顾名思义，拒绝服务（DoS）攻击的目的就是让被攻击的对象无法正常提供访问，从而达到破坏网络和系统可用性的目的。这种攻击方式可以：

- 消耗全部的重要资源；
- 导致系统崩溃。

为了大量消耗目标系统的资源，攻击者常常需要入侵大量系统（称为僵尸设备）并且同时发起 DoS 攻击。这种入侵大量系统并且同时发起攻击的攻击方式称为分布式拒绝服务（DDoS）攻击，攻击的方式如图 1-4 所示。

> 延伸阅读：乍看之下，很多人会认为 DoS 攻击的目标只是一台服务器或者最多一个网络，只会暂时给一个小范围的群体造成损失，实际情况真的如此吗？2016 年 10 月 21 日，美国域名服务器（DNS）管理运营商 Dyn 遭到了 DDoS 攻击，一时间，美国东海岸的大量网站无法正常访问，其中包括大名鼎鼎的 Twitter、Netflix、亚马逊、爱彼迎、PayPal 等。显然，这是因为受攻击的对象是执行域名地址转换的运营商。DNS 是一种历史颇为悠久的运营商服务，但随着云计算时代的到来，终端轻量化和服务云化成为未来的一种趋势，当大量服务被搬到云端并通过互联网提供时，只要针对提供某些服务的云数据中心运营商发起拒绝服务攻击，就有可能会给全球范围内的海量客户带来损失。

6. 提权

1.1 节曾经提到了一种指导方针，称为最低权限原则，即在一切情况下，网络中只应该给用户分配必要程度上的最低权限。在一些网络中，具有最低权限的用户可能会突破系统的防御，获得更高的权限，让自己有能力对整个系统构成破坏。这就是提权。

微软的 STRIDE 模型致力于概括所有的安全威胁。不过，为了帮助读者在开始学习的阶段，了解更多与网络攻击有关的术语，下面介绍一些常见的网络攻击。

1.2.2 常见的网络攻击类型

网络攻击的方式林林总总，但其中很多攻击方式可以划分为同一个大类，比如欺骗攻击、中间人攻击、拒绝服务攻击、溢出攻击、侦查/扫描攻击等。既然是攻击的分类，因此这些术语只是概述了发起攻击所采用的逻辑，而没有提到采用的技术、工具和手段，因为每一类攻击（比如欺骗攻击、中间人攻击等）都有很多不同的实现手段。

鉴于拒绝服务（DoS）攻击在本节和 1.1 节中都已经进行了介绍，这里不再赘述。下面简单介绍另外几种类型的攻击。

1. 欺骗攻击

欺骗攻击强调伪装。如果 STRIDE 模型中的身份欺骗强调伪装用户身份，从而达到欺骗认证系统的目的，那么网络中还有更多的欺骗类型会对流量中携带的信息进行伪装，让这些流量看起来像是由另一个（不是发起攻击的）系统发起的。

即使不考虑前面介绍的身份欺骗，欺骗攻击还包括其他很多类型，比如：

- IP 地址欺骗；
- MAC 地址欺骗；

■ 应用或服务欺骗，如 DHCP 欺骗、DNS 欺骗、路由协议欺骗等。

由上面的信息可以看到，欺骗攻击可以细分为很多不同的攻击方式。事实上，就连 DHCP 欺骗也可以继续划分为伪装成 DHCP 服务器的欺骗攻击和伪装成 DHCP 客户端的欺骗攻击。比如，攻击者可以把自己伪装成 DHCP 服务器，向请求 IP 地址的 DHCP 客户端发布误导信息，让客户端把流量发送给攻击者，再由攻击者转发给网关，从而形成中间人攻击。再比如，攻击者也可以把自己伪装成大量的 DHCP 客户端，反复向 DHCP 服务器请求 IP 地址，耗竭 DHCP 服务器上的可用 IP 地址，让新的 DHCP 客户端无法获取到可用 IP 地址，从而形成拒绝服务攻击。因此，欺骗攻击往往并不是最终目的，只是构成其他攻击的一种手段，常常需要与其他类型的攻击结合起来产生攻击效果。

2．中间人攻击

中间人攻击是一个笼统的概念，是指攻击发起者把自己的设备插入到设备通信的路径之中，从而非法获取接收方和发送方之间的通信信息，如图 1-6 所示。

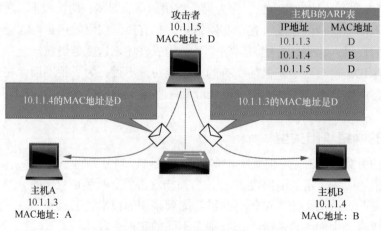

图 1-6　中间人攻击

在图 1-6 中，攻击者向局域网中的主机发布了错误的 IP-MAC 映射信息，让主机 A 和主机 B 把发送给对方的信息都发送给自己。

中间人攻击往往包含针对某些网络协议的攻击，比如 ARP、DNS、IP 路由协议，还有前面提到的 DHCP 等，它的目的都是为了将流量误导到攻击者的设备，从而把攻击者自己插入到发送方和接收方的通信路径当中。

3．溢出攻击

显然，任何系统的缓冲区容量都是有限的，如果不断向缓冲区注入信息，就会导致缓冲区被占满，接下来就会出现信息覆盖、系统崩溃、系统非正常运行等现象。因此，攻击者可以采取不断向设备发送垃圾信息的方法去占用目标设备的缓冲区，以达到攻击目的。

比如，交换机在接收到一个数据帧时，会查找 CAM 表（也就是 MAC 地址表）中的条目，如果其 MAC 地址在表中有记录，交换机就会把这个数据帧从对应的端口中转发出去；如果其 MAC 地址没有记录在表中，交换机就会把这个数据帧通过除了接收到该数据帧的那个端口之外的所有在同一个 VLAN 中的端口广播出去。

通过利用交换机的工作特点，攻击者可以发起欺骗攻击，向交换机发送大量伪装成不同源 MAC 地址的数据帧，让这些伪造的 MAC 地址条目占满交换机的 CAM 表，造成溢出攻击。这样一来，这个 VLAN 中的其他主机发送的数据帧都会从（相同 VLAN 的）所有端口广播出去，攻击者也就可以接收到其他主机发送的单播数据帧了。这种攻击也称为 CAM 表泛洪攻击。关于这种攻击方式，将在 2.2 节进一步介绍。

4. 侦查/扫描攻击

侦查攻击是扫描攻击的近义词。顾名思义，这类攻击方式就是对目标设备、目标网络进行侦查，了解对方的相关信息，为进一步发起攻击做好准备。各类侦查攻击和扫描攻击，都需要借助一系列工具来实现。

侦查攻击包括：

- 使用如 dig、nslookup 和 whois 等网络工具来获取信息，了解谁负责该域，以及该域的地址等信息；
- 对获取到的地址进行 ping 扫描，判断哪些主机是活动主机；
- 针对活动主机运行端口扫描，判断这些主机上运行了哪些服务；
- 使用此前获取到的信息来判断什么手段能够最好地利用该网络的弱点。

对于漏洞扫描工具，合法用户也可以用它来查看自己网络中可能存在的漏洞，并及时修复，以免被攻击者利用。

1.2 节介绍了大量与安全威胁有关的内容，包括网络安全威胁在过去这些年的发展变化、微软定义的 STRIDE 模型，以及一些攻击手段的大类。当然，本节介绍的安全威胁只是网络安全威胁的冰山一角。通过本节的学习，读者也应该了解到，成功的安全攻击往往是一出"连环计"：攻击者需要联合利用大量技术和非技术手段来实现，其中一些攻击手段只是后续手段的铺垫。这意味着安全攻击的分类并不重要，重要的是在面对这些俄罗斯套娃式的攻击时，安全防御措施必须拥有足够的纵深，因此，这些措施必须符合 1.1 节中介绍的网络安全设计指导方针。

1.1 节和 1.2 节概括了信息与网络安全的普遍概念、原理和原则、安全威胁的模型和分类。在 1.3 节，将会介绍一些具体的安全威胁缓解手段。

1.3 缓解威胁

　　通过前文内容可知，威胁本身很难穷举，就算归类也仍然无法把所有威胁都涵盖进来。虽然一种手段未必只能缓解一种威胁，但缓解威胁的手段也无法通过一节的篇幅一网打尽。本节将会通过图 1-7 所示的企业网来介绍各类威胁和缓解威胁的手段应该部署在企业网中的什么位置，以帮助读者对缓解威胁的手段有一个宏观的了解，为后面具体介绍安全防御的内容做好铺垫。

> 注释：为了避免混乱，我们省略了拓扑中的连线。

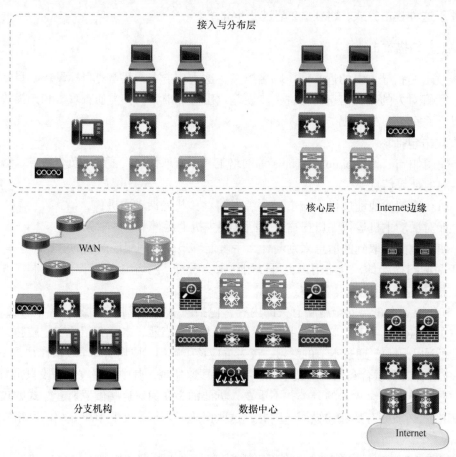

图 1-7　企业网示意图

　　图 1-7 所示为一个标准的企业网，企业网中各个部分的浅色设备均通过两条链路连接到核心层的两台交换机，企业网通过 Internet 边缘路由器连接到互联网，通过广域网连接到企

业的其他分支机构。当然，这样的分支机构很可能不只一个。

下面介绍这个企业网中各个模块的常见缓解措施。

1.3.1 接入层与分布层

企业网接入层和分布层如图 1-8 所示。

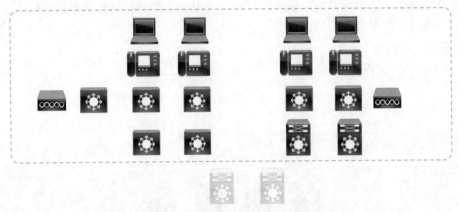

图 1-8　企业网接入层和分布层

在图 1-8 所示的环境中，网络设备主要以多层交换机、第 2 层交换机、IP 电话和无线接入点为主，除此之外就是企业网中的用户设备。在这样的环境中，需要部署的缓解措施包括（但不限于）如下 5 项。

- 端口安全：在 1.2 节介绍的 CAM 表泛洪攻击显然主要以与终端设备相连的接入层交换机为目标，因此在接入层交换机上应该使用端口安全（port security）来限制交换机每个端口 MAC 地址的数量，防止使用 CAM 表泛洪攻击在 VLAN 中进行端口嗅探。

- VLAN ACL（访问控制列表）：DHCP 欺骗攻击也主要需要通过接入层交换机上的策略来进行缓解。可仅部署必要的 VLAN ACL，以防止攻击者欺骗 DHCP 服务器。

- 入口/出口/uRPF 过滤：基于源地址的欺骗攻击，以及通过这种方式发起的 DoS 攻击可能发生在网络中的任何位置。为了缓解这种类型的攻击，在网络中任何适当的位置都可以配置 uRPF 过滤。

- 路由协议认证：一般来说，分布层与核心层交换机之间的链路会采用第 3 层链路进行连接。如果分布层交换机上运行了路由协议，则一定要针对这种路由协议配置认证，以防止未经授权的设备参与路由信息的交换。

- IP ACL：分布层交换机往往是第 2 层和第 3 层的分界线，可在分布层交换机上配置 ACL 来阻塞第 3 层和第 4 层的流量，把来自于接入层的非法流量尽早过滤掉，而不是让这类流量耗费了大量链路的带宽和大量设备的处理器资源之后才被过滤。

1.3.2 核心层

核心层设备的主要作用是执行数据转发。作为连接企业网内外的流量转发设备，它的性能对这个企业网的用户体验关系很大。原则上，核心层设备上不应该配置过多过于复杂的安全策略，让这些安全策略占用设备过多的计算资源。不过，核心层也有可能遭到 DoS/DDoS 攻击，也有可能受到错误路由协议信息的影响，所以，下面这些同样会部署在接入层和分布层的策略，也可以部署在核心层设备上：

- 路由协议认证；
- 入口/出口/uRPF 过滤。

1.3.3 数据中心

企业网数据中心的示意图如图 1-9 所示。

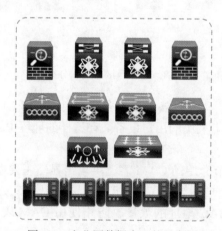

图 1-9 企业网数据中心的示意图

企业网数据中心主要提供数据的存储和计算功能，并利用企业网数据中的交换机对数据进行转发。这样的环境同样容易受到 DoS 攻击。除此之外，数据中心内部的服务器也有可能遭到非法的访问，它们的系统有可能会受到病毒的侵扰，这些系统的漏洞有可能会给攻击者带来可乘之机。因此，在企业网数据中心交换机上，应该：

- 执行入口/出口/uRPF 过滤；
- 在数据中心交换机上配置 ACL 来阻塞第 3 层和第 4 层的流量；
- 根据需要配置私有 VLAN（private VLAN）；
- 执行路由协议认证。

此外，计算设备也应该：

- 及时更新操作系统和应用程序提供的安全补丁；

- 配置主机防病毒软件；
- 配置主机防火墙；
- 使用文件系统加密。

1.3.4 Internet 边缘

Internet 边缘如图 1-10 所示。

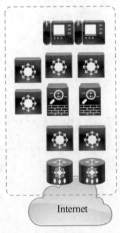

图 1-10　Internet 边缘

顾名思义，Internet 边缘是企业网面向不可靠网络的第一道屏障。在这个位置上，会发生任何可行的网络攻击。通常来说，企业会在这个区域部署防火墙或者可以提供防火墙功能的网络基础设施。这些防火墙需要：

- 配置为 VPN 隧道的端点；
- 配置状态化访问控制策略；
- 确保只有合法的管理访问可以管理这些状态化防火墙；
- 配置策略以防范 TCP SYN 泛洪。

需要说明的是，本节仅仅提到了缓解安全威胁的策略，并没有介绍这些策略的工作原理。不仅如此，本节提到的所有缓解威胁的策略，都只是针对数据平面和控制平面的保护策略，针对管理平面的安全策略在这里没有提到。显而易见的是，如果不对管理设备的访问提供充足的保护，让攻击者可以随意作为管理员接入网络设备，那么在这些设备上配置多少安全策略都无异于开门揖盗。因此，本节只是套用企业网解决方案，对缓解威胁的方式进行一个大致的说明，旨在让读者对安全威胁的各类应对策略有一个大致的印象。具体的威胁安全策略原理，以及如何保护设备的管理访问，后面都会通过专门的章节进行介绍。

1.4 小结

本章对大量与信息和网络安全有关的内容进行了概述。1.1 节对信息安全和网络安全的概念与区别、网络/信息安全的各类原则及它们表述的含义、设计网络安全的指导方针，以及安全策略中应该包含的内容进行了介绍。

1.2 节的重点是各类安全威胁。本节首先围绕着微软的 STRIDE 模型对模型中提出的各类安全威胁进行了介绍，接下来对一些攻击类别进行了概述，包括欺骗攻击、中间人攻击、溢出攻击和侦查/扫描攻击。

1.3 节再次把重点放到了保障网络安全的手段上，围绕着一个企业网的设计方案对企业网各个区域有可能遭到的攻击进行了简单的罗列，同时介绍了各类缓解攻击的手段应该分别部署在哪里。

本章是网络安全的概述，对各项防御安全威胁的手段是如何运作的并没有过多着墨。因为从第 2 章开始，本书就会把重点放在详细介绍各类防御手段的原理和实施方法上。第 2 章会介绍如何在各类网络设备，尤其是路由器和交换机上配置应对安全威胁的手段，以及这些手段是如何做到保护网络免受威胁的。

1.5 习题

1. 信息安全 CIA 三元组指的是什么？
   A. 机密性（Confidentiality）、完整性（Integrity）、真实性（Authenticity）
   B. 一致性（Consistency）、完整性（Integrity）、真实性（Authenticity）
   C. 机密性（Confidentiality）、完整性（Integrity）、可用性（Availability）
   D. 一致性（Consistency）、完整性（Integrity）、可用性（Availability）

2. 下列哪种情形破坏了信息的完整性？
   A. 攻击者破解了加密的信息
   B. 攻击者篡改了传输的数据
   C. 攻击者冒充了通信的对象
   D. 攻击者修改了设备的配置

3. 拒绝服务（DoS）攻击旨在破坏信息和服务的哪一方面？
   A. 可用性   B. 完整性
   C. 真实性   D. 抗抵赖性

4. 在一家企业的安全策略中，哪一部分最有可能包含设备的配置步骤？
   A. 标准   B. 基线
   C. 指导方针   D. 流程

5. 下列哪些说法是正确的？（选择两项）
    A. 信息安全和网络安全是可以相互替代使用的同义词
    B. 非网络技术手段也会给网络安全带来巨大的威胁
    C. 随着安全技术的发展，网络攻击带来的危害正在缓解
    D. 安全技术人员会使用黑客工具来扫描自己网络的漏洞

6. 硬件防火墙通常不会部署在企业园区网的哪个位置？
    A. 分支机构　　　　　　　　　B. 接入层
    C. 数据中心　　　　　　　　　D. Internet 边缘

7. 下列哪一项措施是专门为了保护设备管理平面而采取的做法？
    A. 给设备配置登录密码　　　　B. 给设备配置 VPN 连接
    C. 给设备配置路由协议认证　　D. 给设备配置 uRPF 过滤

第 2 章

保护设备安全

保障网络安全需要借助各类设备才能实现，而这通常需要管理员在设备上配置各式各样的特性或者协议。因此，要确保网络安全，首先需要保证执行这些功能的设备自身是安全的。这是"善事"和"利器"之间的典型关系。本章的重点不是介绍如何保护网络用户的数据，而是介绍在各类以破坏设备为目的的攻击行为中，如何保护设备的资源不被浪费，保护设备的工作方式不被利用，以及保护设备的设置不被未经授权的人员修改。

不过，考虑到网络中充斥着各种不同的设备，针对这些设备的攻击方式也各有不同，因此本章的内容注定比较驳杂。同样，攻击设备的方式多如牛毛，用这一章的内容进行介绍也难免挂一漏万。因此，本章旨在抛砖引玉，帮助读者了解一些与保护设备安全有关的概念和方法，为读者掌握更多设备安全技术进行铺垫。

2.1 终端安全

终端安全是指用户设备的安全。从整个网络的角度来看，用户设备是大量数据的起点和终点，而用户设备安全是用户数据安全的最后一道屏障。显然，保护终端安全的任务不能完全依靠终端本身来完成，而需要由网络中包含终端在内的各类设备参与其中。不过，本节只介绍如何在终端设备上保护终端安全。在本书后文中，还会有大量技术涉及如何在网络基础设施（如路由器、交换机、防火墙）设备上部署策略，来保护终端安全。

本节会介绍如何在终端设备的操作系统中设置防火墙，以及如何使用杀毒软件来保护终端设备的安全。

> 注意：除了部署和设置防火墙、安装杀毒软件，终端设备的管理员还有各种措施来保护终端的安全，包括在终端上尽可能使用加密的通信协议（如 HTTPS、SSL、SSH）来避免通信数据泄露，使用文件加密的方式来保护终端系统中的数据机密性。但这些内容并没有包含在本节中，这一方面是因为这些内容比较复杂，需要比较长的篇幅来进行介绍，因此需要留在后文中进行说明；另一方面，这些措施侧重的是保护终端设备的数据，而本节的侧重点则是保护终端设备本身。

防火墙

防火墙本来是指房屋之间修建的一道墙，用来在发生火灾时防止火势蔓延，起到阻断火势的作用。在 IT 技术领域，防火墙实际上是一种流量过滤技术，它可以通过制订出向和入向的流量规则，来决定哪些流量可以进入或者离开，哪些流量不能进入或者离开。所以，按照北京邮电大学杨义先教授的类比，"防火墙不应该是拦水坝那样的死墙，而是有自己的居庸关"。这堵墙是有门和卫兵的，可以根据墙内的策略来决定谁可以入墙、谁可以出墙。

防火墙可以笼统地分为软件防火墙和硬件防火墙，本节介绍的是终端系统中自带的防火墙，也即软件防火墙。

1. Windows 防火墙

很多熟悉 Windows 系统的用户都曾经自己配置和调试过 Windows 自带的防火墙。要调试 Windows 防火墙，可以先进入"控制面板"，然后找到"Windows 防火墙"，如图 2-1 所示。根据操作系统版本的不同，具体操作方法各有不同。

图 2-1　Windows 防火墙

在图 2-1 中，最左侧的菜单中包含了一系列的标签，管理员单击这些标签就可以对防火墙进行设置。这些标签的功能如下所述。

- **允许应用或功能通过 Windows 防火墙**：设置数据的通行规则。
- **更改通知设置**：设置通知规则和防火墙开关的界面。
- **启用或关闭 Windows 防火墙**：设置通知规则和防火墙开关的界面（与"更改通知设置"相同）。
- **还原默认值**：初始化 Windows 防火墙。

■ **高级设置**：自定义设置详细的出入站规则和连接安全规则。

■ **对网络进行疑难解答**：检测网络出现的问题。

如果希望单击**允许应用或功能通过 Windows 防火墙**来设置数据的通信规则，就可以看到如图 2-2 所示的页面。

图 2-2 允许应用或功能通过 Windows 防火墙

在这个页面中，管理员可以看到几个按钮，它们的功能如下所述。

■ **更改设置**：添加、更改或删除允许的应用和端口。

■ **详细信息**：查看允许的应用和功能的详细描述。

■ **删除**：删除在**允许的应用和功能**列表里的应用或功能。

■ **允许其他应用**：添加应用或功能到**允许的应用和功能**列表中。

在图 2-2 正中的**允许的应用和功能**列表中，可以选择把勾选的应用和功能应用到专用（家庭/工作）网络还是是公用网络中。

如果单击图 2-1 中的**更改通知设置**或者**启用或关闭 Windows 防火墙**来设置通知规则或设置防火墙的开关，就可以看到如图 2-3 所示的**自定义设置**页面。

在这个页面中，管理员可以在防火墙开启的情况下，通过勾选 **Windows 防火墙阻止新应用时通知我**让系统在防火墙阻止新应用时进行通知。也可以在这个页面中选择是否针对专用网络和公用网络启用和关闭防火墙。如果关闭防火墙，那就表示系统允许所有程序通过 Windows 防火墙。

有时，用户会因为自己在 Windows 防火墙中进行了一系列自己并不熟悉的操作，导致原本可以实现的通信突然中断或者通信无法建立，用户甚至发现自己已经无法访问互联网。这时，可以单击图 2-1 左侧的**还原默认值**标签来初始化 Windows 防火墙，如图 2-4 所示。

图 2-3　自定义设置

图 2-4　还原默认值

在遇到因为 Windows 防火墙操作不当，导致设备用户无法访问互联网的情况时，只要进入这个页面单击**还原默认值**，就可以让 Windows 防火墙的设置还原到系统的初始状态。

在需要进行更高级的设置时，则应该单击图 2-1 中的**高级设置**来自定义这台设备的详细出入站规则和连接安全规则。单击之后，系统就会打开如图 2-5 所示的页面。

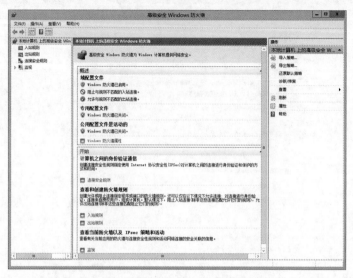

图 2-5　高级安全 Windows 防火墙

比如，如果需要自定义出入站规则，那么管理员应当在图 2-5 所示的页面中单击左侧的**入站规则**，然后在右侧弹出的操作栏中单击**新建规则...**，这时就可以在弹出的窗口中按照自己希望的方式设置规则了，如图 2-6 所示。

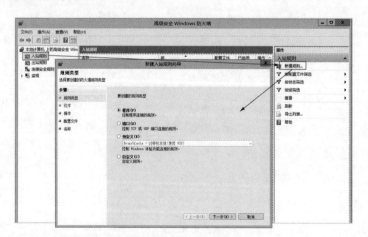

图 2-6　新建入站规则

在图 2-6 中，此时系统弹出的是一个配置向导（**新建入站规则向导**），管理员需要依次设置规则类型、程序、操作（允许、只允许安全连接，或阻止）、配置文件（应用于域、专用网络，还是公用网络）和名称，就可以应用这项规则了。

总体来说，Windows 防火墙界面友好，操作简单。因此，能否熟练配置 Windows 防火墙，考验的并不是管理员对防火墙操作界面的熟悉程度，而是对各个程序、协议和规则的了解程度。

2. Linux 防火墙

Linux 防火墙是通过系统内核中运行的 netfilter 来提供的，这个防火墙和用户之间的接口为 iptables。因此，Linux 防火墙由 netfilter 和 iptables 两个组件构成。

■ netfilter 是 Linux 内核中的一个框架，它提供了一系列的表，每个表又是由若干链组成，而每个链又包含若干规则，这个结构如图 2-7 所示。

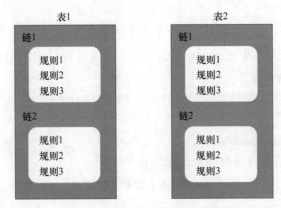

图 2-7　Linux 防火墙的结构

■ iptables 是用户层面的工具，用来添加、删除和插入规则，这些规则告诉 netfilter 组件如何去执行操作。

规则、链和表是 Linux 防火墙结构的核心，下面分别对它们进行介绍。

规则

规则相当于思科 IOS 系统中的访问控制条目（ACE），它定义了数据包的匹配条件，以及如何处理匹配这个条件的数据包。也就是说，iptables 的规则会去指定源地址、目的地址、源端口、目的端口和协议这样的五元组信息。当数据包和规则匹配时，iptables 就会根据规则所定义的方法去处理这个数据包（如允许通过和丢弃等）。

链

链是数据包传播的路径，每个链包含有一条或多条规则。当一个数据包到达一个链后，iptables 会使用这个链中的第一条规则去匹配该数据包，查看该数据包是否符合这个规则所定义的条件。如果满足，就根据该规则所定义的动作去处理该数据包，否则就继续匹配下一条规则；如果该数据包不符合链中的所有规则，则使用该链的默认策略进行处理。

netfilter 规定了 5 个规则链，任何一个数据包只要经过本机，必将经过这 5 个链中的其中一个。这 5 个规则链如下所述。

- PREROUTING（路由前）：在进行路由决策之前处理数据包。
- INPUT（数据包入口）：处理入站数据包。
- FORWARDING（转发关卡）：处理转发的数据包。
- OUTPUT（数据包出口）：处理出站数据包。
- POSTROUTING（路由后）：在路由决策之后处理数据包。

> 注释：本节讨论的内容是如何保护终端设备，如果从这个出发点来考量，INPUT 是最重要的规则链。在实际部署 Linux 服务器防火墙的时候，INPUT 也确实是最常用的规则链之一。

表

表可以提供特定的功能。iptables 包含了 4 个表。

- filter 表：决定对数据包放行还是丢弃的策略（一般只能在 INPUT、FORWARDING 和 OUTPUT 链上设置）。
- NAT 表：地址转换的功能（一般只能在 PREROUTING、OUPUT 和 POSTROUTING 链上设置）。
- mangle 表：修改报文数据。
- raw 表：决定数据包是否被状态跟踪机制处理。

这 4 个表的处理优先级自优而劣分别为：raw 表>mangle 表>NAT 表>filter 表。

数据包处理流程

就一台防火墙而言，它处理的数据包可以分为 3 类，即以（这台）设备为目的的数据包、（这台）设备始发（即以其为源）的数据包和过境数据包。下面分别介绍 iptables 处理这 3 类数据包的流程。

当一台 Linux 服务器的网卡接收到以这台服务器为目的的数据包时，它会首先匹配 PREROUTING 链。如果通过其中的规则校验，则将该数据包发给 INPUT 链去匹配其中的规则。如果再次通过校验，则将数据包发给相应的进程进行处理，否则就丢弃这个数据包。整个流程如图 2-8 所示。

当一台 Linux 服务器的网卡接收到不以这台服务器为目的的数据包时，它会首先匹配 PREROUTING 链。如果通过其中的规则校验，则将该数据包发给 FORWARDING 链去匹配其中的规则。如果再次通过校验，则将数据包交给 POSTROUTING 链去匹配其中的规则。如果通过，则转发这个数据包。如果有任何一次校验失败则丢弃这个数据包。整个流程如图 2-9 所示。

当一台 Linux 服务器向外发送以这台服务器为源的数据包时，它会首先匹配 OUTPUT 链。如果通过其中的规则校验，则将数据包交给 POSTROUTING 链去匹配其中的规则。如果通过，则转发这个数据包；如果校验失败则丢弃这个数据包。整个流程如图 2-10 所示。

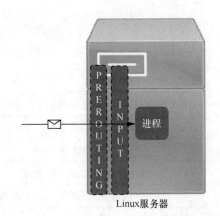

图 2-8　入站数据包的匹配流程

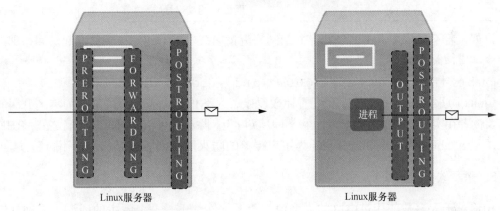

图 2-9　过境数据包的匹配流程　　　　图 2-10　出站数据包的匹配流程

上面介绍了 netfilter/iptables 匹配数据包的流程，下面简单介绍一下它的配置方法。

规则定义语法

iptables 定义规则的方式比较复杂，相应的命令语法如下：

iptables [-t table] COMMAND chain CRETIRIA -j ACTION

这条命令的可选项如下所述。

- [-t table]：通过关键字来指明创建的表属于哪一类，因此可以输入 filter、nat、mangle 和 raw。
- COMMAND：用来定义如何对规则进行管理。
- chain：指定接下来的规则到底是在哪个链上操作的，因此可以输入 PREROUTING、INPUT、FORWARDING、OUTPUT 和 POSTROUTING。
- CRETIRIA：指定匹配标准。管理员可以在这里指定具体的匹配标准。这一项内容相对比较复杂，包括（但不限于）表 2-1 中的内容。
- -j ACTION：指定如何进行处理，可以指定的动作包括 ACCEPT（允许）、REJECT

（拒绝）、LOG（记录）和 DROP（丢弃）。其中，REJECT 和 DROP 的区别在于，DROP 会直接丢弃数据包，而 REJECT 则会在拒绝后发送响应信息，告诉发送方该数据包已被丢弃。

表 2-1　　　　　　　　　　　　　　iptables 中的匹配标准（部分）

关键字	作用
-s	匹配源 IP 地址
-d	匹配目的 IP 地址
-p	匹配某个协议，如 TCP、UDP、ICMP
-sport	匹配源端口号
-dport	匹配目的端口号

比如，若不允许来自 172.16.0.0/16 的网络流量向终端的 UDP 53 端口发起访问，那么这条命令就应该配置为：

iptables -t filter -A INPUT -s 172.16.0.0/16 -p udp --dport 53 -j DROP

Linux 防火墙的定义、规则和配置比较复杂，远不止上文中介绍的那么简单，更深的内容需要读者在实际使用中进一步学习和掌握。实际上，除 netfilter/iptables 防火墙之外，RHEL 7 引入了以 nftables 为内核、firewalld 为用户接口的防火墙。限于篇幅，这里不再赘述。

3. 杀毒软件

相信对于大多数使用过电脑的人来说，杀毒软件都不是一个陌生的词汇。这种软件也称为反病毒软件或者防毒软件，是用来消除电脑病毒、恶意软件和特洛伊木马等计算机威胁的一类软件。如今杀毒软件的功能包括监控识别、病毒扫描、病毒清除、自动升级、主动防御等。

杀毒软件主要由病毒库、扫描器和虚拟机组成，它们通过杀毒软件主程序进行结合，如图 2-11 所示。

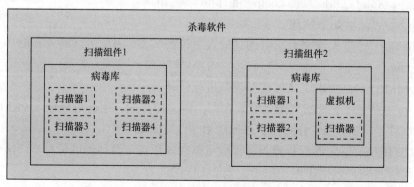

图 2-11　杀毒软件结构示意图

- 扫描器：在杀毒软件的各个组件中，扫描器是杀毒软件的主体，主要用于扫描病毒。一个杀毒软件的杀毒效果直接取决于扫描器编译技术和算法的先进程度。所以，多数杀毒软件都不止有一个扫描器。
- 病毒库：用来存储病毒特征码。特征码主要分为内存特征码和文件特征码。文件特征码一般要存在于一些未被执行的文件里。内存特征码一般存在于已经运行的应用程序中。
- 虚拟机：让病毒在一个由杀毒软件搭建的虚拟环境中执行。

因此，在扫描病毒时，扫描器会通过对比病毒库中的病毒特征码来判断是否存在病毒。如果发现病毒，杀毒软件一般会采取清除、删除、禁止访问、隔离和不处理几种操作。

- 清除：清除被感染文件的病毒代码。在清除后，被感染文件会恢复正常。
- 删除：删除病毒文件。如果对象文件并不是被感染的文件，它本身（或者其中的一部分）就是病毒文件，无法清除。在这种情况下可以直接删除。
- 禁止访问：禁止用户访问病毒文件。如果杀毒软件对文件执行禁止访问操作，那么当用户打开这类文件时，系统会弹出错误对话框，显示"该文件不是有效的 Win32 文件"。
- 隔离：把带病毒的文件转移到隔离区。用户可以从隔离区找回删除的文件，但隔离区中的文件不能运行。
- 不处理：不处理该病毒，多用于用户确定该文件不是病毒，也未感染病毒的情形。

另外，杀毒软件通常包含升级技术，这显然是因为杀毒软件需要不断更新病毒库来保持自己对最新病毒的查杀能力。不过近年来，云查杀技术可以让用户不断更新本地的病毒库，从而依然具备查杀最新病毒的能力。

这里值得一提的是，杀毒软件并不是能够解决一切病毒问题的灵丹妙药，它们不可能查杀所有病毒。其实，很多用户都知道，杀毒软件甚至不一定能够杀灭自己扫描出来的病毒。尽管如此，一台电脑的一个操作系统中不必也不建议安装多种杀毒软件，因为杀毒软件之间有可能出现不兼容的问题。

本节介绍了防火墙和杀毒软件这两种可以用来保护终端设备的手段。然而，用防火墙对终端进行保护时，需要用户自身对威胁的来源拥有足够的认识，杀毒软件也需要基于已知的病毒库特征码来识别病毒，而且这些技术未必能够应对未知的、全新的终端威胁。要想切实地保护终端设备，用户除了需要注意充实自己在终端安全和网络安全方面的知识之外，还需要具备足够的安全意识，做到不随意打开陌生的文件或者不安全的网页，不浏览不健康的站点，以及注意更新自己的密码等。

如何保护终端安全是一个复杂又琐碎的话题，常常需要具体问题具体分析。本节只是抛砖引玉，给读者提供简单的引导。下一节会对局域网中常见的安全威胁及对应的安全措施进行介绍。

2.2 第 2 层安全威胁及防御

1.3 节通过一个企业网介绍了各类缓解威胁的措施。1.3 节中曾经提到，"Internet 边缘是企业网面向不可靠网络的第一道屏障"。然而，"可靠网络"（trusted network）和"不可靠网络"（untrusted network）只是一种在根据网络管理权限所属划分区域的逻辑下，充当公共网络代称的说法。实际上，有超过 80% 的网络攻击并不是来自这些不可靠网络，而恰恰来自"萧墙"。因此，对于网络安全从业人员来说，保护好自己的局域网无疑是关于网络安全的第一要务。本节会成对介绍第 2 层网络中的一系列威胁和缓解技术。这些技术彼此独立，但是都适合在重视第 2 层安全的局域网中进行部署。

2.2.1 MAC 地址攻击与端口安全

1. MAC 地址欺骗攻击

针对 MAC 地址发起攻击的方式不止一种，图 2-12 所示的 MAC 地址欺骗攻击就是其中之一。

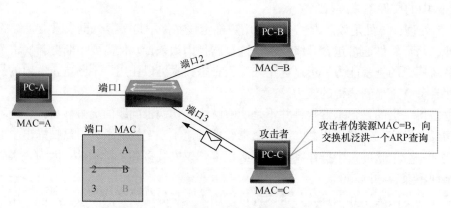

图 2-12 攻击者发起 MAC 地址欺骗攻击

在图 2-12 中，攻击者发送了一个伪装的 ARP 查询消息，这个消息的源 MAC 地址被修改为 B。但实际上，B 是图中 PC-B 的 MAC 地址。在收到这个 ARP 消息后，交换机修改自己的 CAM 表，增加端口 3 与 MAC 地址 B 之间的绑定关系，同时删除端口 2 与 MAC 地址 B 之间的绑定关系。由此导致的结果是，如果这个局域网中有设备希望向 PC-B 发送数据包，这个数据包就会被交换机发送给攻击者，如图 2-13 所示。

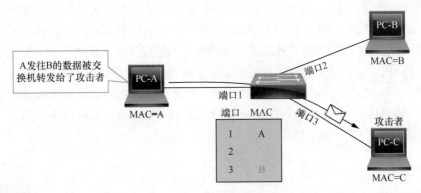

图 2-13　原本应该发送到 PC-B 的设备被发送给了攻击者

2. CAM 地址表溢出攻击

MAC 地址欺骗是一种常见的 MAC 地址攻击方式。另一种常见的 MAC 地址攻击方式属于 MAC 地址欺骗的延伸，这种方式曾经在 1.2 节中介绍过，称为 CAM 表（或 MAC 地址表）溢出攻击，如图 2-14 所示。

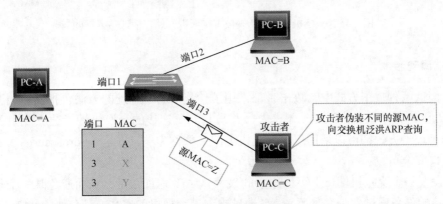

图 2-14　CAM 表溢出攻击

交换机在接收到一个数据帧时，它会查找自己 CAM 表中的条目。如果这个数据帧的目的 MAC 地址在表中有记录，交换机就会把这个数据帧从对应的端口中转发出去；反之，如果这个数据帧的目的 MAC 地址没有记录在表中，交换机就会把这个数据帧通过除了接收到该数据帧的那个端口之外的所有在同一个 VLAN 中的端口广播出去。

在图 2-14 中，攻击者封装了多个 ARP 查询消息，每个消息都用一个不同的源 MAC 地址封装。交换机在接收到前面的两个消息之后，在 CAM 表中建立了端口 3 和 MAC 地址 X、MAC 地址 Y 的对应关系。与此同时，攻击者正在以 MAC 地址 Z 封装另一个 ARP 查询消息，将其发送给交换机。如果攻击者可以迅速用大量（不属于攻击者）的 MAC 地址对发送给交换机的消息进行封装，就会占满交换机的 CAM 表并且让原本真实的条目从表中溢出。从这一刻开始，交换机就会采用广播的形式来处理自己接收到的数据帧，因为它按照数据帧的目的 MAC 地址无法在 CAM 表中查找到对应的条目，如图 2-15 所示。

在图 2-15 中，PC-A 发送给 PC-B 的数据帧本来可以在交换机查询 CAM 表之后被发送给 PC-B，但是因为攻击者使用伪装的条目占满了交换机的 CAM 表，导致交换机无法在表中查找到 B 对应的条目，于是交换机只能把帧进行泛洪。于是，原本不应该接收到这个帧的攻击者，也同样接收到了这个帧的副本。

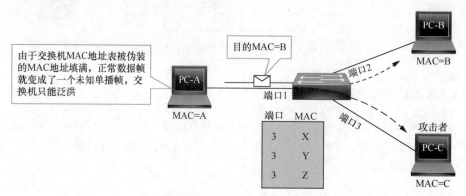

图 2-15 交换机因 CAM 表被占满所以开始广播入站数据帧

3. 端口安全

在上面这两种攻击方式中，攻击者都采用了伪装 MAC 地址的方法，把并不属于自己的 MAC 地址作为一个条目写入 CAM 表中，并与它们所连接的交换机端口建立映射关系。同时，这两种攻击方式都可以采用思科交换机上的一种称为端口安全（port security）的技术来缓解。端口安全可以：

- 设置一个交换机端口上可以连接的最大 MAC 地址数量，从而避免某一个端口上连接的设备通过伪装大量源 MAC 地址来占满交换机的 CAM 表（规避 CAM 表溢出攻击）；
- 设置一个交换机端口上可以连接的 MAC 地址，从而手动建立 MAC 地址和端口的绑定关系，避免其他设备通过伪装 MAC 地址来连接交换机（规避 MAC 地址欺骗攻击）；
- 设置在违背管理员设置的条件时，交换机采取的具体做法。

在思科 IOS 交换机上，配置端口安全的步骤和相应命令如下。

步骤 1 启用端口安全。

Switch(config-if)# switchport port-security

步骤 2 设置该端口上允许接入的最大 **MAC** 地址数量，默认是 **1**。

Switch(config-if)#**switchport port-security maximum** *value*

步骤 3 （可选）指定该端口上允许接入的具体 MAC 地址。

Switch(config-if)#**switchport port-security mac-address** *mac-address*

步骤 4 当不允许的 MAC 地址尝试接入时，定义该端口要采取的行为。

Switch(config-if)#**switchport port-security violation {shutdown | restrict | protect}**

在步骤 4 中，管理员可以配置设备在遭到攻击时，这个端口应该采取的行动。

- shutdown：默认选项。遭到攻击时，交换机就会把这个端口置于 err-disabled 状态，然后创建日志消息并发送 SNMP Trap 消息。如果管理员希望重新启动这个端口，则需要手动恢复或者使用 err-disable recovery 特性重新开启。
- restrict：丢弃该 MAC 地址的流量，然后创建日志消息并发送 SNMP Trap 消息。
- protect：丢弃该 MAC 地址的流量，但不会创建日志消息。

图 2-16 所示为端口安全的配置案例。

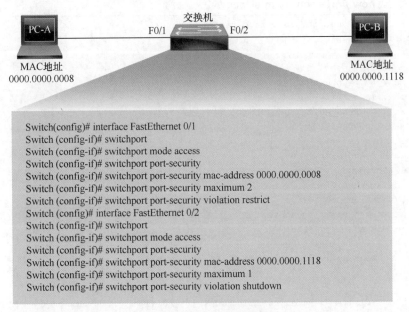

图 2-16 端口安全配置案例

在图 2-16 中，交换机分别用端口 F0/1 和 F0/2 连接到了 PC-A 和 PC-B，这两台设备的 MAC 地址分别为 0000.0000.0008 和 0000.0000.1118。管理员首先把这两个端口配置为接入端口（access port），然后为了防止这两个端口连接的设备发起任何形式的 IP 地址欺骗攻击，管理员使用命令 **switchport port-security mac-address** 把 PC-A 和 PC-B 的 MAC 地址绑定在了它们各自连接的端口上。最后，为了防止 CAM 表溢出攻击，管理员还把这两个端口上允许连接的最大 MAC 地址数量分别设置为 2 和 1，同时把违反安全策略的端口操作配置为 restrict 和 shutdown。当然，F0/2 的这两项配置，即 switchport port-security maximum 1 和 switchport port-security violation shutdown，其实都是默认值/参数，在实际项目中不需要进行手动配置。

管理员可以使用命令 **show port-security** 来查看关于端口安全的设置，如例 2-1 所示。

例 2-1　命令 **show port-security** 的输出信息

```
switch# show port-security
Secure Port MaxSecureAddr CurrentAddr SecurityViolation Security Action
            (Count)       (Count)     (Count)
-------------------------------------------------------------------
   Fa0/1        2            1            0         Restrict
-------------------------------------------------------------------
Total Addresses in System (excluding one mac per port) : 0
Max Addresses limit in System (excluding one mac per port) : 6144
```

除了这条命令，管理员也可以使用命令 **show port-security interface** 来查看某个具体端口上的端口安全参数，如例 2-2 所示。

例 2-2　命令 **show port-security interface** 的输出信息

```
switch# show port-security interface fastethernet0/1
Port Security : Enabled
Port Status : Secure-up
Violation Mode : Restrict
Aging Time : 60 mins
Aging Type : Inactivity
SecureStatic Address Aging : Enabled
Maximum MAC Addresses : 2
Total MAC Addresses : 1
Configured MAC Addresses : 0
Sticky MAC Addresses : 0
Last Source Address:Vlan : 001b.d513.2ad2:5
Security Violation Count : 0
switch# show port-security address
    Secure Mac Address Table
-------------------------------------------------------------------
Vlan    Mac Address     Type        Ports     Remaining Age
                                              (mins)
----    -----------     ----        -----     -------------
2    001b.d513.2ad2    SecureDynamic   Fa0/1    60 (I)
-------------------------------------------------------------------
Total Addresses in System (excluding one mac per port) : 0
Max Addresses limit in System (excluding one mac per port) : 6144
```

除了 MAC 地址，第 2 层网络中常见的攻击方式也往往与生成树有关，下面介绍与生成树有关的攻击方式与缓解策略。

2.2.2　STP 操纵攻击与生成树安全策略

1. STP 操纵攻击

为了避免第 2 层网络中出现环路，交换机会用到生成树（STP）。生成树防环的方式是，通过相互发送网桥协议数据单元（BPDU）来交换数据进行选举，并且把落选的端口阻塞，从而在逻辑上打断环路。同时，为了确保管理员能够按照自己的需求塑造第 2 层网络，端口胜选和落选需要由管理员可以进行配置的一个参数来决定。这就给攻击者制造了可乘之机。

图 2-17 所示为一个由两台交换机（交换机 1 和交换机 2）组成的网络，这个网络本身是没有环路的。PC-A 发送给 PC-B 的消息会通过这两台交换机转发过去。

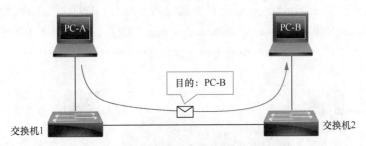

图 2-17　一个物理上无环的简单二层拓扑

然而，在图 2-18 中，一位攻击者把自己的设备同时连接到了这两台交换机，这就在网络中制造出了一个环路。同时，攻击者给自己的设备分配了最高的优先级（网桥优先级=0），让它能够通过发送（伪装的）BPDU 在选举中成为根桥。于是，原本两台交换机之间的某个端口就会因为落选（成为替代端口）而被 STP 阻塞。这样一来，两台交换机所连的终端（PC-A 和 PC-B）之间如果需要进行通信，那么它们之间的所有数据就只能通过攻击者的设备进行转发了。到此为止，攻击者通过操纵 STP 在网络中发起了一次中间人攻击。

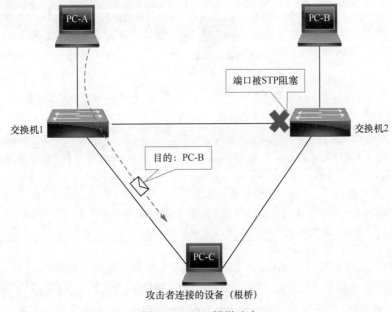

图 2-18　STP 操纵攻击

2. 缓解技术

规避这类攻击的逻辑是需要区分哪些交换机端口可以连接交换机，哪些交换机的端口可以连接根桥，而哪些交换机端口只能连接终端设备。下面来看一些具体的应对技术。

- **BPDU 防护**（BPDU guard）：如果管理员在全局启用了 BPDU 防护，那么这台交换机上所有配置了 Portfast 的端口只要接收到 BPDU，BPDU 防护特性就会立刻让这个端口进入关闭状态（即 error-disabled 状态），如图 2-19 所示。BPDU 防护可在全局配置模式下输入命令 **spanning-tree bpduguard enable** 来启用。

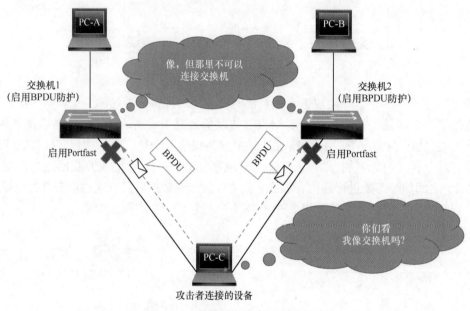

图 2-19　交换机启用 BPDU 防护

> 注释：Portfast 特性的作用是让一个交换机端口绕过常规的侦听（listening）和学习（learning）状态，直接从阻塞（blocking）状态过渡到转发（forwarding）状态。使用 Portfast 可以提升端口转发的效率，而且可以避免这些端口的状态导致相关生成树的参与设备全部重新计算 STP 树。这种特性只应该在那些连接终端设备的接入模式的端口上使用，不能在连接交换机的中继端口上部署。在端口配置模式下输入命令 **spanning-tree portfast** 可以让一个端口执行 Portfast。另外，如果在全局配置模式下输入命令 **spanning-tree portfast default**，则可以让设备上所有的非中继端口执行 Portfast。

- **BPDU 过滤**（BPDU filtering）：如果管理员并不希望采用关闭端口这样的策略来应对原本不应该接收到 BPDU 的端口接收到 BPDU 的情形，则可以在不应该接收到 BPDU 的端口上使用命令 **spanning-tree bpdufilter enable** 实施 BPDU 过滤。所有在端口配置模式下配置了 BPDU 过滤的端口，会忽略接收到的 BPDU，同时这类端口也不再对外发送 BPDU 消息，如图 2-20 所示。

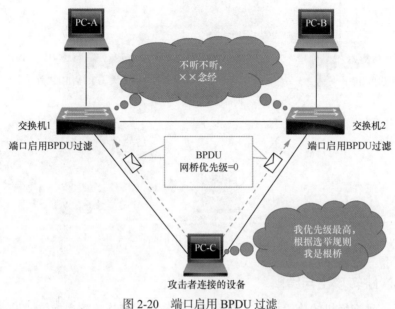

图 2-20　端口启用 BPDU 过滤

注释： BPDU 过滤也可以在全局配置模式下使用命令 **spanning-tree portfast bpdufilter default** 启用。配置这条命令之后，所有启用了 Portfast 的端口就不会再发送 BPDU。同时，一旦这些配置了 Portfast 的端口接收到 BPDU，这个端口上配置的 Portfast 就会失效。既然 Portfast 失效，这个端口上的 BPDU 过滤自然也就失效。因此，在全局（针对所有启用了 Portfast 的端口）实施 BPDU 过滤，与针对特定端口启用 BPDU 过滤，端口在接收到 BPDU 消息时采取的措施是不同的。

- **根防护**（root guard）：如果管理员并不反对用户把自己的交换机连接到局域网的交换机上，只是不能允许用户连接的交换机成为根桥，那就可以在对应端口的接口配置模式下使用命令 **spanning-tree guard root** 执行根防护。只要配置了根防护的端口所连的交换机成为根桥，这个端口就会进入阻塞状态，这种状态称为不一致根（root-inconsistency）状态，如图 2-21 所示。显然，这样处理也可以防止网络中发生如图 2-18 所示的攻击。

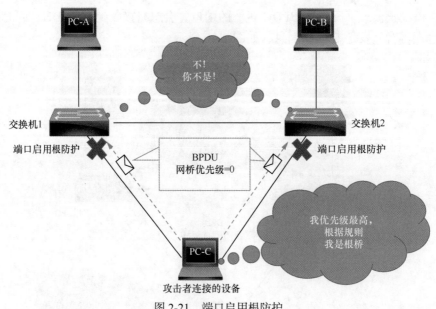

图 2-21 端口启用根防护

2.2.3 VLAN 跳转攻击与缓解

　　VLAN 是一种交换机的分段技术，它通过逻辑的方式把连接到交换机的设备划分到多个不同的 VLAN 中，让处于不同 VLAN 的设备在二层相互隔离。当这种隔离涉及多台（通过干道相连的）交换机时，为了能够让一台交换机向（位于干道另一侧的）另一台交换机通告自己发送给它的数据帧属于哪一个 VLAN，让对方也能够仅向该 VLAN 的成员端口转发这个数据帧，交换机会根据数据帧的入站端口所属的 VLAN 来给数据帧打上 VLAN 标签。于是，在携带 VLAN 标记的帧到达干道另一端的交换机时，那台交换机就会摘掉这个标签，查看这个帧所属的 VLAN，然后把这个帧发送给这个 VLAN 的成员端口。交换机的工作原理不属于本书的重点，这里仅作为铺垫一带而过，不再进行过多阐述。

　　VLAN 跳转攻击是指攻击者设法把帧发送到与攻击者所在 VLAN 不同的 VLAN 中，实现从一个 VLAN 到另一个 VLAN 的"跳转"。

　　实现 VLAN 跳转的方式并不单一，比如攻击者可以把自己伪装成一台交换机，与另一台交换机之间协商出一条干道（trunk）。这样一来，攻击者只要把携带 VLAN 标签的数据帧发送给另一台交换机，就实现了帧向其他任意 VLAN 的跳转，如图 2-22 所示。

　　另一种常见的 VLAN 跳转攻击的实现方式为双重标签。这种方式是指攻击者通过本征 VLAN 向自己连接的交换机发送一个携带双层 VLAN 标签的数据帧，外部 VLAN 标签为攻击者的设备所连接的 VLAN 和本征 VLAN，内部 VLAN 标签则为受害设备所连接的VLAN。

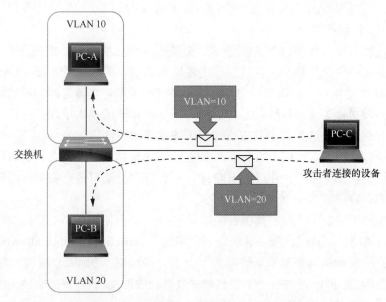

图 2-22 通过协商干道实现 VLAN 跳转攻击

在图 2-23 中，攻击者从自己所在的 VLAN（VLAN 10）向另一个 VLAN 中的受害者发送了一个帧，这个帧在发出时携带有双重标签。

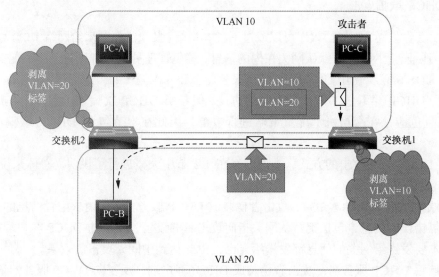

图 2-23 通过双重标签实现 VLAN 跳转攻击

如图 2-23 所示，攻击者发送了一个携带两个 VLAN 标签的帧。当该帧经过交换机 1 时，这台交换机剥离了外层的 VLAN 10 标签，然后把这个帧放到干道上传输给交换机 2。交换机 2

接收到这个帧，通过 VLAN 标签发现这个帧需要通过 VLAN 20 的端口转发出去，所以把这个帧发送给了 PC-B 而不是 PC-A。

要想实现这种双重标签 VLAN 跳转攻击，需要有一些先决条件。首先，攻击者和受害者设备不能连接在同一台交换机上。其次，攻击者所在的端口必须属于本征 VLAN。

VLAN 跳转攻击是对"攻击者通过各种手段规避 VLAN 对转发帧造成的限制，向不同 VLAN 中的设备发送帧"这种操作的总称，并不是一种具体的攻击手段，所以也没有对应这种攻击的缓解方式。解决这类攻击的方法视攻击的具体手段而定。

比如针对通过（伪装交换机）协商干道来发起 VLAN 跳转攻击的方式，可以通过把交换机的中继端口设置为 On 模式，并且关闭 DTP，不允许中继端口进行协商来缓解。同时，不要把未使用的端口都设置为中继（trunk）模式。

而双重标签 VLAN 跳转攻击的缓解手段是选择一个不使用的 VLAN 作为本征 VLAN（而不要使用 VLAN 1）。同时，在中继端口上使用命令 **switchport trunk allowed vlan** 进行配置，使得只允许干道承载管员明确许可的 VLAN，并且把本征 VLAN 排除在外。

这里鼓励读者重新阅读本书 1.1 节提到的"最低权限原则"，好好体会网络安全原则在具体网络安全性设计中的运用方法。

2.2.4 DHCP 欺骗攻击与 DHCP 监听（DHCP Snooping）

1. DHCP 欺骗攻击

DHCP（动态主机配置协议）可以通过一种客户端/服务器模型来给网络中的设备自动分配包括 IP 地址、子网掩码、默认网关在内的信息，避免管理员在所有设备上逐一配置。DHCP 协议基于 UDP 协议，使用 UDP 端口 67（服务器）和 68（客户端）。

显然，DHCP 并不是工作在第 2 层的协议，但各类 DHCP 欺骗攻击都发生在局域网范围内，而且也应该在交换机上配置策略进行缓解，因此在本节包含 DHCP 欺骗攻击并不跑题。

关于 DHCP 欺骗攻击的方式，本书已经在 1.2 节中大概进行了说明。总体来说，DHCP 欺骗攻击包括下述两项。

- **欺骗 DHCP 其他客户端**：攻击者伪装成 DHCP 服务器，向请求配置信息的客户端提供错误的信息，包括把默认网关指向攻击者的设备，从而让 DHCP 客户端把所有原本要发送给网关的信息都发送给自己，由此达到中间人攻击的效果。
- **欺骗 DHCP 服务器**：攻击者伪装成 DHCP 客户端，反复向 DHCP 服务器请求 IP 地址，从而耗竭 DHCP 服务器上的 IP 地址，让新连接的 DHCP 客户端无法获取到可用 IP 地址，从而达到拒绝服务攻击的效果。

2. DHCP 监听

针对伪装成 DHCP 服务器的欺骗攻击，采用的防备逻辑与处理 STP 操纵攻击的逻辑类似，那就是对交换机的端口进行区分，指定哪些端口连接的是 DHCP 服务器，并且只允许这些端口发送 DHCPOFFER 消息。如果其他端口接收到 DHCPOFFER 消息，则让交换机采取针对性的策略。

对于发送 DHCP 请求（Request）来耗竭 DHCP 服务器上可用 IP 地址的拒绝服务攻击，则可以在端口上配置限速策略，让每个端口只能以合理的速率发送 DHCP 请求。所谓 DHCP 请求，是由 DHCP 客户端向 DHCP 服务器申请使用 IP 地址时发送的消息，如果一个端口接收到 DHCP 请求的频率超过了设置的策略，代表该端口连接的 DHCP 客户端有可能正在发起旨在耗竭 DHCP 服务器上可用 IP 地址的拒绝服务攻击，因此交换机就会对该端口采取行动。

DHCP 监听（DHCP Snooping）提供了上面的功能，它可以把交换机端口分为信任（trust）端口和不信任（untrust）端口两类。在使用 DHCP 监听的过程中，管理员只应该把连接 DHCP 服务器的端口配置为信任端口，其余端口皆为不信任端口。不信任端口所连接的设备如果发送了 DHCP 服务器才应该发送的 DHCP 消息（包括 DHCPOFFER、DHCPACK 和 DHCPNAK），这些消息就会被交换机丢弃，如图 2-24 所示。

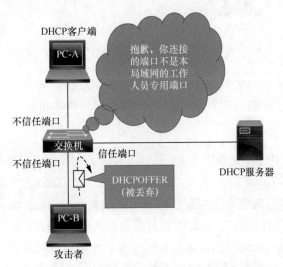

图 2-24   使用 DHCP 监听来防范流氓 DHCP 服务器

在图 2-24 中，攻击者发送了一条 DHCPOFFER，这条消息的目的可能是把自己的地址提供给 DHCP 客户端让它用作默认网关。由于攻击者连接的是交换机上的不信任端口，所以交换机根据 DHCP 监听策略丢弃了攻击者发送的 DHCPOFFER 消息。

此外，DHCP 监听策略也可以限制端口上每秒接收到的 DHCP 消息的数量。当交换机接收 DHCP 消息的数量超出了策略限制的数量时，交换机就会关闭对应的端口。一般来说，要想通过发送大量 DHCP 请求来耗竭 DHCP 服务器上的可用 IP 地址，一般需要每秒发送成千上万条请求消息，所以限制端口上每秒接收到的 DHCP 消息数量就可以防止 DHCP 服务器上的可用 IP 地址被耗竭，如图 2-25 所示。

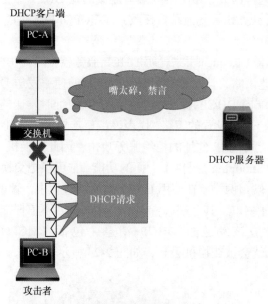

图 2-25　使用 DHCP 监听来防范攻击者耗竭 DHCP 服务器上的 IP 地址

在图 2-25 中，由于攻击者发送了太多的 DHCP 请求，交换机在一秒的时间内内接收到的 DHCP 请求数量超过了管理员配置的限制数量，因此交换机关闭了连接攻击者的交换机端口。

> 注释：不要在采用了 DHCP 监听策略的信任端口上实施限速。这样做既没有必要，也会增加网络无法提供 DHCP 服务的风险。

配置 DHCP 监听时，需要在全局配置模式下使用命令 **ip dhcp snooping** 启用。在启用之后，所有端口默认为不信任端口，因此管理员需要进入连接 DHCP 服务器的交换机端口配置模式，输入命令 **ip dhcp snooping trust** 将其配置为信任端口。如果需要给一个端口设置每秒可以接收的 DHCP 请求的数量，则需要进入对应端口的配置模式，输入命令 **ip dhcp snooping limit rate** *rate*。

> 注释：一旦管理员在全局启用了 DHCP 监听，所有端口默认都会成为不信任端口。在管理员进入某个端口并将其配置为信任端口之前的这段时间，DHCP 服务器无法正常为客户端提供服务。如果不希望在这段短暂的时间内出现 DHCP 服务器服务中断的情况，可以先进入 DHCP 服务器所连端口的配置模式，将其配置为信任端口。

也可以仅针对交换机上的某个 VLAN 配置 DHCP 监听。如果需要这样配置，则需要先在全局配置模式下使用命令 **ip dhcp snooping** 启用 DHCP 监听。然后再在全局配置模式下使用命令 **ip dhcp snooping vlan** [*vlan-id*]来设置针对哪个 VLAN 启用 DHCP 监听。接下来，再进入对应 VLAN 成员端口中连接 DHCP 服务器的那个端口，将其配置为信任端口。

在完成 DHCP 监听的配置之后，可以使用命令 **show ip dhcp snooping** 来检查配置。

最后，一旦启用了 DHCP 监听，交换机就会生成一张 DHCP 监听绑定表。同时，交换机会监听自己端口上接收到的 DHCP 消息，并且记录消息的源 MAC 地址、源 IP 地址、地址租期、VLAN 和接收到这个消息的接口。这张表可以使用命令 **show ip dhcp snooping binding** 进行查看，如例 2-3 所示。

例 2-3　命令 show ip dhcp snooping binding 的输出信息

```
Switch# show ip dhcp snooping binding
MacAddress        IpAddress      Lease(sec)  Type         VLAN Interface
----------------- -------------- ----------  ----------   ---- -------------
00:01:00:01:00:01  10.10.10.1    4995        dhcp-snooping 10   FastEthernet0/1
```

后文中马上就会再次提到这张 DHCP 监听绑定表。

2.2.5　ARP 欺骗攻击与动态 ARP 监控

1. ARP 欺骗攻击

系统在发送单播数据帧时，必须知道目的设备的第 2 层地址。在以太局域网环境中，这就意味着设备必须知道目的设备的 MAC 地址。ARP（地址解析协议）的作用就是让设备可以根据目的设备的 IP 地址来查询它对应的 MAC 地址。

理论上，ARP 协议采用的是请求-响应模型，也就是说一台设备只有在接收到其他设备请求自己 MAC 地址的消息时，才发送 ARP 响应消息来提供自己的 MAC 地址。不过，刚上线的设备也会主动向局域网中的其他设备提供自己的 IP-MAC 地址对信息，这种不经请求主动发送的 ARP 消息称为免费 ARP（Gratuitous ARP）。显然，这给攻击者散布欺骗信息提供了机会。

在图 2-26 中，攻击者使用的设备 PC-B 分别向充当网关的路由器和网络中的主机 PC-A 发送了两条免费 ARP 消息，告知这两台设备对方 IP 地址对应的 MAC 地址是 B，也就是攻击者的 MAC 地址。

这样做的结果是，无论之后网关路由器需要向 PC-A 发送数据帧，还是 PC-A 希望向网关发送帧，这些帧的目的 MAC 地址都会被封装为 PC-B 的 MAC 地址。于是攻击者就把自己的设备插入到 PC-A 和路由器之间的通信中，从而发起了中间人攻击。从此之后，PC-A 发送到网关的一切数据，都会经过 PC-B 后才有可能到达网关，攻击者也得以接收到 PC-A 去往公共网络的流量。

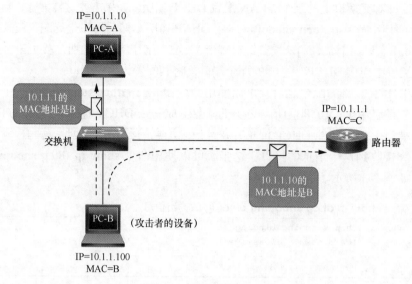

图 2-26   ARP 欺骗攻击

2. 动态 ARP 监控

显然，应对 ARP 欺骗攻击不能完全参考应对 STP 操纵攻击和 DHCP 欺骗攻击的手段。因为局域网中的任何设备都应该有权利也有必要发起 ARP 请求和 ARP 响应，所以无法通过（从连接某类设备的）端口接收到了某类消息来判断是否发生了攻击事件。网络中是否发生了 ARP 攻击，只能根据 ARP 消息中提供的源 MAC 地址和源 IP 地址是否真实来进行判断，而这需要有一个对应的数据库用于查询相关信息。

前文在介绍 DHCP 监听时曾经提到，如果在网络中启用了 DHCP 监听，交换机就会生成一张 DHCP 监听绑定表，开始监听自己端口上接收到的 DHCP 消息，并记录消息的源 MAC 地址、源 IP 地址、地址租期、VLAN 和接收到这个消息的接口。这张表就为鉴别 ARP 攻击提供了数据依据。

动态 ARP 监控（DAI）特性可以把交换机端口区分为信任端口和不信任端口。对于所有从不信任端口接收到的 ARP 请求和 ARP 响应消息，启用了 DAI 的交换机都会按照 DHCP 监听绑定表来校验自己接收到的 ARP 请求消息和 ARP 响应消息，判断这些消息中提供的信息是否真实，不合法的消息会被交换机丢弃，如图 2-27 所示。

在图 2-27 中，交换机启用了 DAI（和 DHCP 监听），并且把连接攻击者的 Gi0/2 端口配置为不信任端口。接下来，攻击者发送了一条 ARP 消息，希望让 PC-A 认为网关的 MAC 地址是攻击者自己的 MAC 地址（B）。交换机在接收到这条消息后检查自己的 DHCP 监听绑定表，发现这个消息的信息与绑定表记录的信息不符，于是丢弃这个 ARP 响应消息。

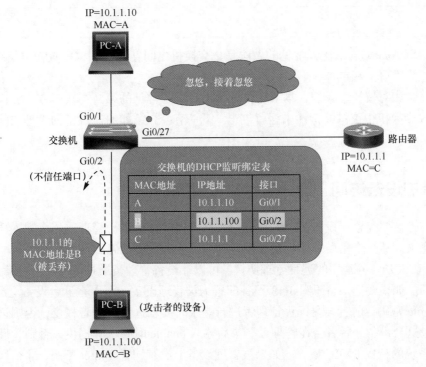

图 2-27　DAI 防御 ARP 欺骗攻击

如果需要在交换机上的某个或某些 VLAN 上启用 DAI,则需要在全局配置模式下使用命令 **ip arp inspection vlan *vlan_id*** [*vlan_range*]。然后再在全局配置模式下使用命令 **ip dhcp snooping vlan** [*vlan-id*]来设置针对哪个 VLAN 启用 DHCP 监听。接下来,再进入对应 VLAN 成员端口中连接 DHCP 服务器的那个端口,使用命令 **ip arp inspection trust** 将其配置为信任端口。

> 注释:在局域网中也常常发生通过 ARP 泛洪来达到拒绝服务攻击目的的事件。如果希望避免这种情况,也可以使用命令 **ip arp inspection limit** *rate* 来限制某个端口接收到 ARP 消息的速率。如果速率超过了设置的速率,交换机就会关闭这个端口(使其进入 err-disabled 状态)。这个命令的默认值为 15 pps(即 15 个数据包/秒)。

在完成 DAI 的配置之后,可以使用命令 **show ip arp inspection interface** 来检查配置。这条命令的输出信息如例 2-4 所示。

例 2-4　命令 **show ip arp inspection interface** 的输出信息

```
Switch# show ip arp inspection interface
Interface       Trust State   Rate (pps)   Burst Interval
---------------  -----------   ----------   --------------
Gi1/1           Trusted       None         N/A
Gi1/2           Untrusted     15           1
```

Fa2/1	Untrusted	15	1
Fa2/2	Untrusted	15	1

为了防范 ARP 攻击，比较常见的做法是把交换机之间互连的端口配置为可信端口，其余端口都配置为不可信端口。

本节篇幅相对较长，我们在本节比较详细地介绍了常见的第 2 层攻击方式，以及如何使用思科 IOS 交换机中提供的特性来缓解攻击。下一节会介绍如何让设备的管理访问变得更加安全。

2.3 保护设备访问

安全特性需要配置在设备上，如果任何人都可以对设备进行管理，那么配置再多安全特性也毫无意义。从这个角度来看，保护设备管理访问的重要性怎么强调都不为过。

Telnet 曾经是一种常用的远程管理协议，可以让设备管理员通过 IP 网络向被管理设备发起管理访问。如果要把一台思科 IOS 设备配置为被管理设备，可以在这台设备上配置 Telnet 密码和 enable 密码。前者会在远程管理者进行登录时要求远程管理者提供，否则远程访问者就无法登录这台设备。后者会在管理者登录后输入 enable 时要求其提供，否则管理者就无法进入 IOS 系统的特权 EXEC 模式。如果被管理设备上没有配置 Telnet 密码，那么远程访问者就无法登录这台设备，如图 2-28 粗体部分所示。

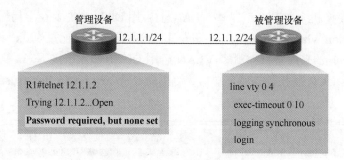

图 2-28　Telnet 的配置示意图

> **注释：** Telnet 是一种不安全的设备管理协议，与本节的宗旨相悖，目前已经不推荐使用，因此本书不再详细介绍在被管理设备上配置 Telnet 的过程。

如果读者此前缺乏网络安全相关的经验，但又学习了如何给通过控制台端口登录的用户设置用户名和密码，在这里容易产生一种误解：既然被管理设备不配置密码用户就无法登录，那么为什么还要认为 Telnet 是一种安全性欠佳的协议，密码不能够保护被管理设备的安全性吗？

实际上，我们配置的 Telnet 密码只能确保被管理设备会在用户登录时，让设备去认证用户的身份。而远程管理网络往往会跨越不安全的网络，这就导致用户在向设备发送密码的过程中，密码可能会被截获。由于 Telnet 协议使用明文发送数据，因此只要有人抓取到了 Telnet 流量，就可以轻而易举地看到其中的信息，当然也包括用户向被管理设备提供的密码。这样一来，这个人就可以利用用户发送给被管理设备的密码去非法管理设备。上述过程如图 2-29 所示。

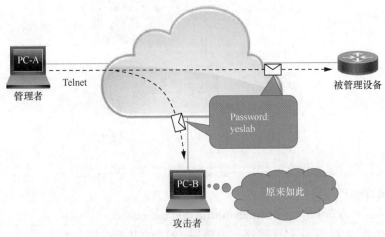

图 2-29 攻击者截获 Telnet 密码

> **延伸阅读**：英语过硬的读者想必能够通过构词法看出，password 一词基本无法对译为"密码"，这个词更好的对译应该是中文中的"（通行）口令"。虽然有一些追求严谨性的教材确实会把这个词译作"口令"，但多年以来以讹传讹的行业习惯，让它的错误译法"密码"得到了更加广泛的流传。本书为了从众，也只得选择"密码"这种称谓。实际上，真正表示用来对信息进行加密时使用的那个密码，在英文中是 key（密钥）。这里的问题在于，password 的这种译法很容易让人产生两种误解：password 是用来对信息进行加密的；password 本身是以密文的形式传输的。甚至在这种误解的基础上进一步混淆了认证口令和加密密码这两个截然不同的概念。在图 2-29 中可以看到，password 本身不是密文，设备也不会通过它对明文进行任何加密运算，它的机密性必须通过密钥加密才能得到保证。读者在这里一定要谨记，用户身份认证和加密是两种不同的安全策略，前者用 password 来保证身份的真实性，后者用 key 来保证信息的机密性。除了它们都可以用来保障网络安全，password 和 key 唯一的共同之处大概就是不要让不该知道它们的人把它们搞到手吧。

为了保证密码在传输的过程中不会被窃取，设备管理协议需要包含加密功能。SSH（Secure Shell，安全外壳协议）就是这样一个跨越 IP 网络远程管理设备的协议。SSH 使用 TCP 协议 22 端口。与 Telnet 不同的是，SSH 可以提供安全的通信机制，因为 SSH 协议的整个通信过程都是加密的，外部攻击者即使拦截了 SSH 设备管理数据，也无法获取其中的信息（包括密码），如图 2-30 所示。

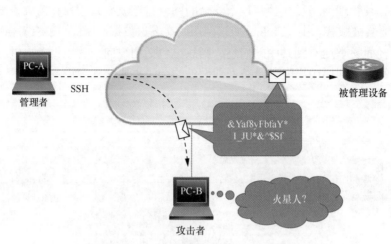

图 2-30 攻击者无法截获 Telnet 密码

实际上 SSH 的配置十分简单，只需要按照下面步骤就可以完成。

第 1 步：配置 IP 域名。

Router(config)#**ip domain-name** *domain-name*

第 2 步：生成 RSA 密钥对（建议至少使用 1024 位长度的模）。

Router(config)#**crypto key generate rsa**

第 3 步（可选）：启用 SSHv2。SSHv1 存在大量安全隐患，应该尽量使用 SSHv2。

Router(config)#**ip ssh version 2**

第 4 步：创建本地用户名和密码（特权级别部分为可选项，可以根据实际需要设置）。

Router(config)#**username** *username* [**privilege** *level*] **secret** *password*

第 5 步：进入 vty 线路，让远程登录者使用本地数据库认证身份，并把登录协议设置为
SSH。

Router(config)#**line vty 0 15**

Router(config-line)#**login local**

Router(config-line)#**transport input ssh**

> **注释**：在上面的配置过程中，如果希望使用 SSHv2（推荐），需要执行第 3 步。可以输入命令 **show ip ssh** 来查看设备当前运行的 SSH 版本，如果看到当前 SSH 版本为 1.99，说明设备当前同时运行 SSHv1 和 SSHv2。如果希望避免攻击者利用 SSHv1 的安全隐患，就应该执行第 3 步的配置操作。

在完成上述配置之后，可以在客户端上使用诸如 PuTTY 这样的 SSH 客户端软件向被管理设备的 IP 地址发起管理访问。在登录时，设备会要求发起登录的人员输入（在配置被管理设备第 4 步时设置的）用户名和密码。

此外，被管理设备的管理员使用命令 **show ip ssh** 不仅可以查看这台设备上当前运行的

SSH 版本，而且可以看到 RSA 密钥对的模数，以及这台设备上当前的管理连接。

保护设备管理访问是一个复杂的主题，绝不止配置 SSH 这样简单。不过，本书后面还有大量介绍保护管理访问的主题，因此节仅对 SSH 进行介绍，更多内容请见后文。

2.4 分配管理角色

2.3 节介绍了如何保护远程管理的安全性，包括如何用加密的方式保护远程管理访问，以及如何认证远程管理人员的身份。既然可以对向设备发起管理访问的人执行身份认证，那么下面一个问题就顺理成章了：如何给不同的管理者分配不同的管理权限，或者说如何给不同的管理员分配拥有不同管理权限的账号。

熟悉 Microsoft Windows 系统的读者应该很清楚如何给不同的 Windows 管理员分配不同的权限。通过给计算机用户设置不同的账号、密码和对应的权限，就可以在用户登录计算机时通过他选择的账号和输入的密码，来区分应该赋予这个用户的管理权限了。考虑到网络基础设施（路由器、交换机、防火墙等）的用途及重要性，它们往往也可以提供相似的功能。思科 IOS 系统当然也具备为不同账号分配不同管理员权限的功能，这就是本节要介绍的内容。

2.4.1 特权级别

在为思科 IOS 系统管理员分配管理角色时，最简单的做法就是使用特权（privilege）级别。思科设备定义的特权级别范围是 0～15，并且预定了下面三个级别。

- 0：只包含 **disable**、**enable**、**exit**、**help** 和 **logout** 命令。
- 1：用户模式，这种特权级别的用户可以使用用户模式（即提示符为 Router>的模式）下的所有命令。因此特权级别为 1 的用户可以执行 Telnet、SSH，可以使用 **show** 命令查看设备和配置信息，可以执行各种测试命令（如 **ping**、**traceroute**、**test**）等。
- 15：特权级别 15 是特权 EXEC 模式，这种特权级别的用户可以使用特权 EXEC 模式（即提示符为 Router#的模式）下的所有命令。

其他特权级别则可以由用户自己定义能够使用的命令。各个特权级别及其对应的命令数量如图 2-31 所示。

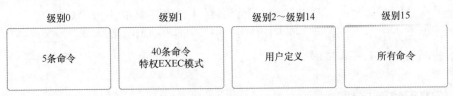

图 2-31　各个特权级别及其对应的命令数量

2.4.2 为用户账号分配特权级别

设置特权级别的命令在 2.3 节中已经进行了介绍。这条命令就是配置 SSH 时第 4 步中的命令 **username** *username* [**privilege** *level*] **secret** *password*。

例如，如果希望给用户账号 tianguo 分配特权级别 15，并且把密码设置为 yeslab，那么就可以在全局配置模式下输入命令 **username tianguo privilege 15 secret yeslab**。如果希望再为用户 luojm 分配特权级别 1，并且把密码设置为 ccna，则可以输入命令 **username luojm privilege 1 secret ccna**。这样一来，在登录设备时，如果输入的用户名、密码组合是 tianguo、yeslab，就可以在登录之后获得 15 级的特权；如果输入的用户名、密码组合是 luojm、ccna，则会在登录之后获得 1 级的特权。

2.4.3 定义命令的特权级别

在全局配置模式下使用命令 **privilege** *mode* **level** *level* *command* 可以重新设定一条命令的特权级别，这条命令中的 mode 是指那条命令的配置模式，而 command 是指那条命令本身。比如命令 **privilege exec level 2 show running-config** 可以把特权模式下的命令 **show running-config** 修改为 2 级特权可以使用的命令。通过这种做法，可以自定义一个（2～14 的）特权级别，然后有针对性地为其赋予专门的可用命令列表。通过这种方式来修改用户可以在这台设备上操作的命令。当然，也可以通过这种方式修改预定义特权级别的可用命令。例如，使用命令 **privilege exec level 1 configure terminal** 可以把命令 **configure terminal** 命令配置为特权级别为 1 的命令。

2.5 监控和管理设备

如果设备监控和管理的唯一方式是管理员通过诸如 SSH 这样的远程管理协议登录设备，并且通过一台又一台设备的 CLI（命令行界面）来查看设备的状态，那么管理员恐怕难以应对网络中实时出现的安全风险、设备故障和操作错误。实际上，网络是一个复杂的异构环境，一个网络的规模只要足够大，哪怕它已经稳定运行了一段时间，并且既没有合法人员进行配置变更也没有非法人员发起攻击，网络中依然会时常出现问题。从这个角度来看，一种可以通过一个工作站同时实时、直观地管理多台设备的手段和工具必不可少。

本节首先会介绍一个比较复杂的网络管理协议，即 SNMP。接下来，还会介绍一些相对比较简单的网络管理工具和协议。

2.5.1 简单网络管理协议

虽然 SNMP 名为简单网络管理协议，但这个协议其实一点也不简单，唯一可以称得上"简单"的，是 SNMP 定义的设备管理信息的交互方式。

SNMP 采用了客户端/服务器模型，其中管理设备称为网络管理工作站（Network Management Station，NMS），而被管理设备（managed device）上运行一个 SNMP 代理（agent）程序，这个代理程序的作用是执行 SNMP 定义的操作。在这个模型中，NMS 是 SNMP 的客户端，而被管理设备是 SNMP 服务器。

1. SNMP 的协议数据单元（PDU）

根据 SNMP 的定义，被管理设备和 NMS 之间大致有两种交互方式。一种是通过请求-响应的方式来查询设备的信息，并对设备的设置进行修改，如图 2-32 所示。这种交互方式主要的操作包括下述两项。

- GET：NMS 发送请求消息，要求被管理设备提供信息。
- SET：NMS 在被管理设备上执行操作，包括为被管理设备设置变量，或者在被管理设备上触发某个行为。

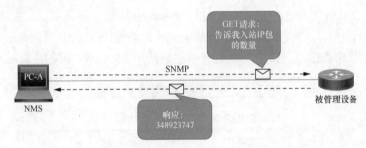

图 2-32　请求-响应的交互方式

如果被管理设备只在 NMS 发起请求时才能被动作出响应，那么网络在应对各类安全攻击和设备故障方面势必乏善可陈。因此，SNMP 定义了第二种交互方式——被管理设备主动向管理设备发送消息。当被管理设备检测到某个事件超出了门限值后，它就会主动发送这类消息。这样一来，被管理设备就可以在发生重大事件时主动向 NMS 进行报告。这种用于报告的消息称为 Trap（陷阱）。

- Trap：是被管理设备向 NMS 发送的一种未经请求的消息，可以用来通告 NMS 被管理设备上发生了重大的事件。

SNMP 是一款基于 UDP 的协议，运行 SNMP 的 NMS 会使用 UDP 161 端口来接收和发送（除 InformRequest 之外的）Request 和 Response 消息，同时使用 UDP 162 端口来接收 Trap（和 InformRequest）消息，而运行 SNMP 的被管理设备会使用 UDP 161 端口来发送和接收 Response 和（除 InformRequest 之外的）Request 消息，同时使用任意源端口来发送 Trap（和 InformRequest）消息。这个过程如图 2-33 所示。

> 注释：InformRequest 类型消息的内容超出了本书的范畴，这里不再赘述。

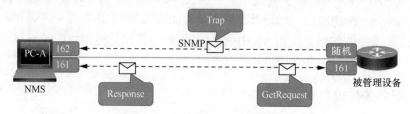

图 2-33　SNMP 使用的 UDP 端口

2. SNMP 的版本及安全性

截至目前，SNMP 一共推出了 3 个版本，其中只有 SNMPv3 在远程管理和安全性方面进行了强化。虽然 SNMPv1 和 SNMPv2 都提供了团体字符串认证功能，但运行它们的 NMS 和被管理设备之间的 SNMP 通信都是用明文传输的。显然，这两个版本的 SNMP 的安全性存在隐患。SNMPv3 在认证之外还提供了完整性校验和加密功能。不仅如此，SNMPv3 支持使用 MD5 或 SHA 进行认证，如表 2-2 所示。有鉴于此，如果使用 SNMP 对网络进行管理和监控，就应该尽可能使用 SNMPv3，其中的理由与"尽量使用 SSH，避免使用 Telnet"如出一辙。

> 注释：鉴于本书的宗旨是安全，因此后文中只会介绍 SNMPv3 的配置。

表 2-2　　　　　　　　　　　　SNMP 各个版本的安全功能

版本	安全级别	认证方式	加密类型
SNMPv1	noAuthNoPriv	团体字符串	无
SNMPv2c	noAuthNoPriv	团体字符串	无
SNMPv3	noAuthNoPriv	用户名	无
	authNoPriv	MD5 或 SHA	无
	authPriv	MD5 或 SHA	CBC-DES（DES-56）

> 扩展阅读：就当前来说，SNMP 看上去并不难。实际上，我们在介绍 SNMP 协议时对相关内容进行了大幅度简化。我们没有介绍 SNMP 定义的数据包结构，也没有介绍 SNMP 定义的所有消息类型（PDU），更是省略了 SNMP 学习中的难点，那就是管理信息结构（SMI，Structure of Management Information）和管理信息库（MIB，Management Information Base）。SMI 的作用是定义被管理对象（如各个参数、协议等）的相关规则，MIB 则是被管理设备中的数据库，用来保存被管理对象和它们的类型。被管理设备上的代理程序也会通过提取和修改 MIB 来对 NMS 的请求作出响应。需要指出的是，缺少这些背景知识基本不会妨碍读者理解 SNMP 协议的工作方式和对应的配置。但是，如果读者希望读懂 SNMP 的消息，这些知识背景必不可少。如果有这方面的需求，读者可以参考市面上的计算机网络教材，包括谢希仁教授的《计算机网络》、James Kurose 教授的《计算机网络：自顶向下方法》（本书的网络管理内容相对较深）等。

3. IOS 设备上的 SNMPv3 配置

SNMP 的原理并不简单，涉及的概念也很庞杂，但是在思科 IOS 设备上实施 SNMPv3 并不困难，下面进行简单介绍。

- 第 1 步：限制哪些 NMS 可以访问这台被管理设备。相关的方式不止一种，比如可以用一个标准访问控制列表（ACL）定义哪里的 NMS 可以访问这台设备，然后在 SNMP 配置命令中调用这里配置的 ACL。
- 第 2 步：使用全局配置模式命令 **snmp-server view** *view-name oid* 定义一个 SNMP 视图，规定 NMS 可以访问 MIB 中的哪些对象标识符（OID），以备后面调用。
- 第 3 步：使用全局配置模式命令 **snmp-server group** *group-name* **v3 priv read** *view-name* **write** *view-name* **access** [*acl-number*|*acl-name*]设置一个 SNMP 组，并且调用前面配置的 SNMP 视图，用于定义 NMS 在进行读操作和写操作时，分别针对的是这台设备上的哪些对象标识符。同时，这条命令可以调用前面配置的访问控制列表，限制来自哪里的 NMS 可以对这台设备发起对应的管理访问。
- 第 4 步：使用全局配置模式命令 **snmp-server user** *user-name group-name* **v3 auth** {**md5**|**sha**} *auth-password* **priv** {**des**|**3des**|**aes**{**128**|**192**|**256**}} 配置哪些用户可以访问这台设备，以及 NMS 和这台设备之间的通信如何进行保护。同时，这条命令需要调用前面配置好的 SNMP 组。

这里唯一需要进行专门说明的是第 2 步里面定义对象标识符的问题。前文提到，不介绍 SMI 和 MBI "基本"不会妨碍读者理解 SNMP 的配置，但这里就是一个例外。简而言之，SMI 定义了一个被管理对象的命名树，其中包含了希望通过 SNMP 来管理和查询的各类元素，如 CPU 使用率、入站 IP 数据包数量、设备的 IP 地址等。被管理对象树是一个树形结构，厂商也可以在这棵树中定义自己的被管理对象。第 2 步中的命令就是要求我们定义这台设备希望 NMS 管理的元素。在实际配置中，至于如何设置 OID，则需要根据网络的需求来查询 SMI 中的被管理对象命名树或厂商的指导手册。

例 2-5 所示为在思科 IOS 设备上配置 SNMPv3，让它成为被管理设备的过程。

例 2-5　SNMPv3 的配置

```
Router(config)# ip access-list standard NMS
Router(config-std-nacl)# permit 10.1.1.1 0.0.0.0
Router(config-std-nacl)# exit
Router(config)# snmp-server view Test  mib-2  included
Router(config)# snmp-server group GRP1 v3 priv read Test write Test access NMS
Router(config)# snmp-server user user1 GRP1 v3 auth md5 123 priv des 123
```

在例 2-5 中，配置了一个标准访问控制列表（名为 NMS），这个访问控制列表只匹配了 10.1.1.1 这个 IP 地址。在通过命令 **snmp-server group** 调用这个 ACL 之后，这台路由器作为被管理设备，只允许来自 10.1.1.1 的 SNMP 管理访问。

在例 2-5 中还创建了一个 SNMP 视图（名为 Test），相应的命令为 **snmp-server view Test mib-2 include**。这条命令定义了所有 SMI 被管理对象命名树中，在 mib-2 这个对象之下的被管理对象。在通过命令 **snmp-server group** 调用这个视图之后，NMS 可以对这台路由器上的这些对象执行读（read）和写（write）操作。另外，在这条 **snmp-server group** 命令中，还规定组 GRP1 使用 SNMPv3。

在最后的那条 **snmp-server user** 命令中，定义了访问这台设备时应该使用的用户名（user1）、协议（SNMPv3）、认证方式（md5）、认证密码（123）、加密算法（DES）和密码（123）。

2.5.2 系统日志

当设备发生故障，尤其是遭到攻击时，网络管理员经常需要查看设备上都发生过什么情况。这时，系统日志（syslog）就会发挥重要的作用。

系统日志最初是艾瑞克·欧曼（Eric Allman）开发的 Sendmail 项目中提供的一项功能。近些年，使用 Sendmail 作为邮件代理的用户已经越来越少，但系统日志作为一项独立的应用却得到了广泛采用。它从最初的 UNIX 平台渐渐发展到各类网络设备系统中，尽管厂商、系统之间的系统日志实现方式往往存在一定的差异，而且有时无法兼容。

思科定义了 8 个严重级别的系统日志，严重级别的数字越小，代表事件的严重性越高，这些级别如表 2-3 所示。

表 2-3　　　　　　　　　　　　　系统日志严重级别

严重级别	名称	描述
0	Emergency（紧急）	系统已无法使用
1	Alert（告警）	需要立刻采取措施
2	Critical（严重）	出现严重情况
3	Error（错误）	出现错误情况
4	Warning（警告）	出现警告情况
5	Notification（通知）	出现正常但重要的情况
6	Informational（信息）	提供信息
7	Debugging（调试）	根据当前设备上启用的调试功能提供的信息

设备管理员可以根据自己的需要，决定让思科 IOS 设备把生成的系统日志消息发送到哪里。比如，除了把系统日志消息发送到控制台、vty 线路供管理员同步浏览之外，还可以把系统日志消息发送到设备的缓冲区，让管理员可以随时在本地使用命令 **show logging** 查看这台设备的系统日志。在真实网络中，更为常见的做法是让设备把系统日志发送到一台集中式的系统日志服务器中，由该服务器统一保存，并在需要时供网络运维人员浏览。不仅如此，

还可以指定发往某处的系统日志必须达到某个严重级别。比如，可以使用全局配置命令 **logging buffered** *level* 来设置保存在本地缓冲区的系统日志必须达到（也就是数字上小于）某个级别。

如果希望让一台 IOS 设备把系统日志发送给某台外部系统日志服务器，则需要输入全局配置命令 **logging** *ip-address*；如果希望发送给外部系统日志服务器的日志消息必须达到某个严重级别，则可以输入全局配置命令 **logging trap** *level*。例 2-6 所示为在一台 IOS 设备上设置外部系统日志服务器的过程。

例 2-6　在 IOS 路由器上设置外部系统日志服务器

```
Router(config)# logging 10.1.1.1
Router(config)# logging trap 4
```

例 2-6 所示的配置可让这台路由器把所有达到严重级别 4（即严重级别为 0、1、2、3、4）的系统消息，都发送给位于 10.1.1.1 的系统日志服务器。

2.5.3　网络时间协议

无论是因为意外还是人为，无论人为是无心之失还是有意为之，总之，只要网络中发生了故障，管理员就需要找到导致故障发生的原因并进行修正。故障排除有时很像进行一场侦探游戏——梳理事件在各个网络设备上发生的时间线，搞清楚事件与事件之间的关联。这往往对于找出并解决问题极为重要。不过，在网络环境中，事件的发生、发展和变化往往都在刹那之间。如果依靠管理员在一台一台设备上手动设置时间，由此引入的误差就会严重影响时间线的梳理，让问题的判断变得更加复杂。

网络时间协议（NTP）可以让设备与设备之间通过网络来同步时间，这样不仅可以减少网络管理员在逐台设备上配置时间的工作量，更重要的是可以让设备上的时间更加准确，避免人为操作引入的巨大误差。

NTP 使用 UDP 123 端口来接收和发送时间信息。总体来说，NTP 也可以看成是一个客户端/服务器模式的协议。一台设备需要指定另一台设备作为自己的 NTP 服务器，然后从 NTP 服务器那里获取时间信息。目前最新版的 NTP 是 NTPv4，定义在 RFC 5905 中。

NTP 使用了一种分层（stratum）的时间源系统。在这个分层架构中，最顶层是第 0 层设备。第 0 层设备都是高精度的计时设备（如原子钟、GPS 时钟），一般称为参考时钟。设备所在的层数代表了它和参考时钟之间的距离。但为了保证时间的精度，最底层只能为第 15 层。第 16 层表示设备不同步。

在充当 NTP 客户端的 IOS 设备上指定 NTP 服务器非常简单，只需要输入一条全局配置命令 **ntp server** *ip-address*，指定 NTP 服务器的 IP 地址即可。在设置了 NTP 服务器之后，可以在 IOS 设备中输入命令 **show ntp status**。使用这条命令可以看到这台客户端所在的层级以及服务器的 IP 地址等。

除此之外，如果希望执行 NTP 认证，让 NTP 客户端认证 NTP 服务器，则需要在 NTP 客户端（和 NTP 服务器）上的全局配置模式下执行 3 步配置。

- 第 1 步：使用命令 **ntp authenticate** 启用 NTP 认证。
- 第 2 步：使用命令 **ntp authentication-key** *number* **md5** *key* 配置 NTP 认证密钥编号和认证密钥。
- 第 3 步：使命令 **ntp trusted-key** *key-number* 用某个编号的密钥来认证对端。

例 2-7 所示为将两台思科 IOS 设备配置为 NTP 客户端和 NTP 服务器（位于 10.1.1.1）。

例 2-7　NTP 客户端和 NTP 服务器的配置

```
NTPServer(config)# ntp authenticate
NTPServer(config)# ntp authentication-key 1 md5 cisco
NTPServer(config)# ntp trusted-key 1
NTPClient(config)# ntp server 10.1.1.1
NTPClient(config)# ntp authenticate
NTPClient(config)# ntp authentication-key 1 md5 cisco
NTPClient(config)# ntp trusted-key 1
```

本节介绍了 3 个常用的设备管理和监控工具，即 SNMP、系统日志和 NTP。前面介绍的内容都与管理平面有关。下节首先会对管理平面的"平面"进行定义，然后介绍一些与保护设备控制平面有关的内容。

2.6　保护控制平面

毫无疑问，网络基础设施存在的价值在于转发数据流量。然而，在让这些设备按照设定的方式来进行工作时，或者在这些设备提供信息的过程中，也会产生一些管理流量。不仅如此，为了保证设备之间按照协议实现互操作等目的，设备与设备之间同样会产生一些流量。从网络基础设施的角度看，这 3 种类型的流量不仅是基于不同的目的产生的，而且它们常常也需要使用不同的方式和组件进行处理。本节首先会介绍区分这 3 种流量的框架，然后介绍如何保护设备之间用来互操作流量的处理平面。

2.6.1　网络基础保护架构

思科网络基础保护（Network Foundation Protection，NFP）架构把设备从逻辑上分为 3 个不同的平面，也就是数据平面、控制平面和管理平面（亦称为数据层、控制层与管理层）。这种区分方式虽然是逻辑上的，但是这 3 个逻辑平面也常常可以与设备上的组件相对应。

- 数据平面/数据层：设备的数据平面负责根据设备缓存中记录的表项（如 ARP 表、路由表、邻居表等）对过境的数据流量执行转发。理想情况下，设备可以使用专用集成电路（ASIC）来执行数据平面的转发，从而大幅度提升转发效率。使用专用集成电路达到绕过 CPU 直接转发数据平面流量的目的，也称为硬件转发。

- **控制平面/控制层**：设备的控制平面负责根据其他设备发送的控制流量来修改转发表项（如 ARP 表、路由表、邻居表等），从而指导对数据流量的转发。控制流量需要 CPU 进行处理。
- **管理平面/管理层**：设备的管理平面负责处理设备的管理流量，也就是那些通过管理协议产生的流量，包括 Telnet、SSH、SNMP、NTP、RADIUS、TACACAS+等协议。由此可知，2.3 节~2.5 节介绍的内容，其实都属于针对管理平面的操作。

从网络安全的角度看，每一个平面都会面临一些有针对性的攻击方式。因此，每一个平面都需要提供一些相应的保护措施。表 2-4 所示为按照 NFP 架构归类的各平面常用的保护措施及这些措施希望达到的目标。

表 2-4　　　　　　　　　　　　NFP 架构各平面的保护措施及目标

NPF 架构	措施	目标
管理平面	AAA NTP SSH SSL/TLS 系统日志 SNMPv3	■ 对管理员进行认证和授权 ■ 通过认证的 NTP 协议保护时间同步的安全 ■ 使用加密的远程访问协议 ■ 使用加密协议对系统日志信息进行保护 ■ 使用包含安全特性的 SNMPv3
控制平面	CoPP CPPr	■ 通过实施控制平面工具来降低攻击者控制路由器从而给网络造成损失的可能性 ■ 对路由协议进行认证，让攻击者无法通过在网络中接入一台运行相同路由协议的流氓路由器来操纵路由表
数据平面	ACL IOS IPS 第 2 层保护机制 基于区域的防火墙	■ 将 ACL 作为一种过滤机制，应用在接口上就可以对数据层的流量进行保护 ■ 通过保护第 2 层的网络架构来避免攻击者让一台流氓交换机成为要交换机（这会影响第 2 层的数据流量） ■ 防火墙上的过滤机制和服务也可以准确地控制流经网络的流量。比如可以通过 IOS 基于区域的防火墙技术来实施策略，规定哪些流量可以在数据层中进行传输

在 2.2 节中，介绍了一些数据平面常见的攻击，以及保护数据平面的措施。在 2.3 节、2.4 节和 2.5 节中，则介绍了一些保护管理平面的方式。本节后面的内容则会简要介绍一些保护控制平面的内容。

2.6.2　路由协议认证

欺骗攻击可能出现在网络的任何位置，也可以针对一切可以对流量进行区别处理的网络基础设施（因此不包括集线器等设施）。比如，在网络中，攻击者可以针对路由信息发起欺骗攻击。攻击者可以向网络中的其他路由设备发送伪装的路由信息，用这些错误的信息修改目标设备的路由表，从而按照自己的意图来操纵网络流量，如图 2-34 所示。

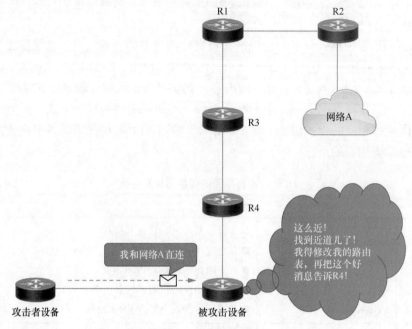

图 2-34　路由信息欺骗

　　避免这种攻击的方法，就是在给网络中的合法路由设备配置路由协议时，配置一个预共享的密钥。拥有这个预共享密钥的设备只会在接收到其他拥有密钥的设备发送的路由更新时，才会修改自己的路由表并且向其他设备转发更新，如图 2-35 所示。

　　如果希望对 OSPF 配置认证，可以进入连接 OSPF 邻居的接口，然后执行下述步骤。

- 步骤 1：使用命令 **ip ospf authentication-key** *key* 配置密钥。
- 步骤 2：使用命令 **ip ospf authentication** 执行接口 OSPF 认证。

　　如果使用上述步骤，那么认证是以明文的形式发送的。如果希望执行密文认证，则需要在连接 OSPF 邻居的接口执行下述步骤。

- 步骤 1：使用命令 **ip ospf message-digest-key** *number* **md5** *key* 配置密钥串编号和密钥。
- 步骤 2：使用命令 **ip ospf authentication** 执行接口 OSPF 密文认证。

　　上面介绍的是配置 OSPF 认证的方法。显然，不同路由协议的认证配置命令和方法是有区别的，因此路由协议认证的内容往往包含在介绍路由协议的章节中。此外，路由协议认证的配置十分简单。如果读者只希望了解如何给某项路由协议配置认证，只需要快速学习和阅读该路由协议中的对应内容或者配置指南即可，这里不进行一一列举。

图 2-35 路由协议认证

2.6.3 控制平面管制（CoPP）

控制平面管制（Control Plane Policing，CoPP）也称为控制平面限速，是指管理员界定一些以自己所配置的这台设备为目的的流量，并且对这些流量的速率进行限制。当（以这台设备为目的的）这类流量超出了管理员配置的门限值时，设备就会丢弃超出的流量。前文中曾经说到，控制平面的流量需要由 CPU 进行处理，因此在流量的入站接口丢弃流量可以避免这些流量被发送给 CPU，占用 CPU 的资源。显然，这可以避免攻击者针对控制平面发起拒绝服务攻击。

CoPP 并不是思科设备的某种特性，它实际上是借助思科模块化策略框架（Modular Policy Framework，MPF）来实现的。除 CoPP 之外，思科 IOS 系统中的很多策略都可以通过 MPF 来实现。

具体地说，思科模块化策略框架一般会采用定义流量、匹配流量、设置策略、执行策略 4 个步骤，其中包括：

- 通过访问控制列表（ACL）定义要对哪些类型的流量执行策略；
- 通过分类映射（class-map）调用 ACL，来匹配 ACL 定义的流量；
- 通过策略映射（policy-map）调用分类映射，设置要对这些流量执行什么策略；
- 指定要如何应用策略映射（policy-map），以及把它应用在哪里。

当然，是否需要在配置 policy-map 时定义 ACL 和 class-map，要视具体的情况而定。

图 2-36 所示为一台路由器上的 CoPP 配置。

在图 2-36 中，首先配置了两个扩展访问控制列表（Extended ACL），把它们命名为 TELNET/SSH 和 ICMP，并且分别用它们定义了（除来自主机 1.1.1.1 和 3.3.3.3 之外的）TELNET 与 SSH 流量，以及所有 ICMP 流量。接下来，定义了两个 class-map（TELNET&SSH-Class 和 ICMP-Class），并且在这两个 class map 中分别调用了 TELNET/SSH 和 ICMP 这两个扩展访问列表。之后，定义了一个名为 CoPP 的 policy-map，并且在其中首先调用了名为 TELNET&SSH-Class 的 class-map，对于匹配该 class-map 的流量执行丢弃（drop）处理，之后又调用了名为 ICMP-Class 的 class-map，让匹配该 class-map 的流量执行 1pps 的限速，并对符合限速条件的流量（conform-action）执行转发（transmit），对超出该速率的流量（exceed-action）执行丢弃（drop）。最后，在控制平面（control-plane）使用命令 **service-policy**，在入站方向上调用这个名为 CoPP 的 policy-map。

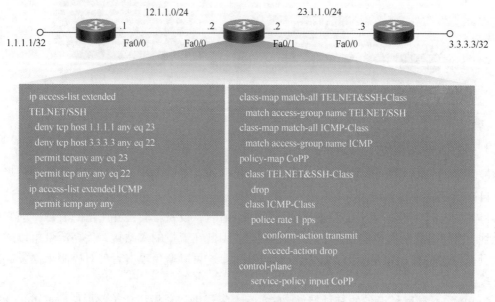

图 2-36 CoPP 的配置

> 注释: class-map 中的 match-all 表示, 如果这个 class-map 中定义了多条匹配规则, 那么只有在所有匹配规则都满足的情况下, 该流量才会认为匹配这个 class-map。此外, class-map 也可以设置为 match-any, 这表示如果这个 class-map 中定义了多条匹配规则, 那么只要流量匹配其中的任何一条规则, 这组流量就会认为匹配这个 class-map。

　　CoPP 这种采用模块化策略框架定义的策略看似比较复杂, 其实在逻辑上环环相扣, 很容易上手。

2.6.4　控制平面保护

　　控制平面限速可以达到保护控制平面的目的, 但是它无法区分需要由 CPU 进行处理的流量。

　　控制平面保护(Control Plane Protection, CPPr)则在 CoPP 的基础上, 把所有控制平面流量分为下面 3 类:

- 以路由器物理接口或逻辑接口为目的的流量;
- 在转发之前需要 CPU 进行处理的数据平面流量(比如使用了 IP 报头可选项的流量);
- 需要 CPU 参与的思科快速转发(CEF)流量。

　　显然, 使用 CPPr 可以更加有针对性地对流量进行处理。

　　CPPr 也需要使用 MPF 进行配置, 配置命令和配置逻辑也与配置 CoPP 没有区别, 只不过在应用 policy-map 时，不再笼统地在 control-plane 下面使用命令 **service-policy** 调用 policy-map，而是需要分别在下述几个虚拟子接口调用 policy-map。

- control-plane host subinterface：匹配以路由器物理/逻辑接口为目的的流量。
- control-plane transit subinterface：匹配需要由 CPU 处理转发的数据平面流量。
- control-plane CEF-exception subinterface：匹配需要由 CPU 参与的 CEF 流量。

下面通过例 2-8 来解释一个 CPPr 的配置示例。

例 2-8　CPPr 的配置示例 1

```
class-map type queue-threshold match-any  Telnet-Class
  match protocol telnet

policy-map type  queue-threshold  CPPr-Telnet-Policy
 class Telnet-Class
    queue-limit 5

control-plane  host
  service-policy  type queue-threshlod  input CPPr-Telnet-Policy
```

例 2-8 所示的这个示例没有采用 ACL 匹配流量，而是直接创建了一个名为 Telnet-Class 的 class-map，并使用 **match protocol** 命令来匹配 Telnet 协议。接下来，创建了一个名为 CPPr-Telnet-Policy 的 policy-map，在这个 policy-map 中调用了 Telnet-Class，并且针对匹配这个 class-map 的流量，指定了队列长度为 5 的策略。最后，进入 control-plane host，并且使用命令 **service-policy** 把这个针对队列长度设置限制的 policy-map，应用到所有以这台路由器物理/逻辑接口为目的的流量。完成上述配置之后，路由器针对所有以这台路由器为目的的 Telnet 流量，会把队列长度设置为 5 个数据包。

例 2-9 所示为另一个类似的 CPPr 的配置示例。

例 2-9　CPPr 的配置示例 2

```
class-map type port-filter match-any  SSH-Class
  match port tcp 22
  match closed-ports

policy-map type  port-filter  CPPr-SSH-Policy
 class  SSH-Class
   drop

control-plane  host
  service-policy  type port-filter  input CPPr-SSH-Policy
```

在例 2-9 中，直接创建了一个名为 SSH-Class 的 class-map，这个 class-map 包含了两条匹配标准：匹配 SSH 协议（TCP 22 端口）；匹配所有没有打开的端口。由于这个 class-map 为 match-any，因此符合这两项匹配标准之一的流量就会匹配这个 class-map。接下来，创建了一个名为 CPPr-SSH-Policy 的 policy-map，在这个 policy-map 中调用了 SSH-Class，并且针对匹配这个 class-map 的流量制定了丢弃的策略。最后，进入 control-plane host，并且使用命令 **service-policy** 把这个 policy-map 应用到所有以这台路由器物理/逻辑接口为目的的流量。完成上述配置之后，这台路由器会将所有以自己为目的的 SSH 流量或者所有以自己未打开端口为目的的流量全部丢弃。

本节对路由协议认证、CoPP 和 CPPr 进行了介绍。如果认真设计 CoPP 和 CPPr，可以切实起到保护设备控制平面的目的。同时，使用路由协议认证则应该是技术人员在实施动态路由协议时的最佳安全实践。只要条件允许，就应该在配置动态路由协议时对路由协议实施认证。

2.7 auto secure

本章介绍到这里，恐怕读者已经产生了这样一种想法，那就是安全技术相对比较琐碎。事实是，任何存在漏洞的元素都有可能成为一种或者多种网络攻击的目标，所以安全技术和解决方案就不得不根据各类协议、各类设备、各类场景进行设计，而且这种设计往往建立在已经发现的漏洞，甚至已经发生的攻击的基础上。从这个角度看，学习安全技术很难像学习路由交换技术那样通过几种常见协议的工作原理来提纲挈领地学习。

于是，在技术人员越来越难以全面掌握大量安全技术与网络安全的重要性日渐增加之间，就产生了一个矛盾。思科解决这个矛盾的方法是，它通过命令行界面提供了一个简单的工具，管理员只需要输入一条命令，思科就可以按照自己的安全最佳实践来部署这台设备。这个工具/这条命令就是 **auto secure**。

在默认情况下，如果在设备的特权 EXEC 模式下输入了命令 **auto secure**，设备会使用一个交互式菜单，要求提供一些和这台设备有关的基本信息，以及一些用于安全配置的参数（如密码）等。

例 2-10 所示为思科官方网站提供的一段通过交互式菜单使用 **auto secure** 命令配置一台路由器的示例（本书把管理员所作的设置用阴影进行了标识，以供读者参考）。

例 2-10 auto secure 配置示例

```
Router# auto secure
          --- AutoSecure Configuration ---
 *** AutoSecure configuration enhances the security of
 the router, but it will not make it absolutely resistant
 to all security attacks ***
 AutoSecure will modify the configuration of your device.
 All the configuration changes will be shown. For a detailed
 explanation of how the configuration changes enhance security
 and any possible side effects, please refer to Cisco.com for
 AutoSecure documentation.
 At any prompt you may enter '?' for help.
 Use ctrl-c to abort this session at any prompt.
```

```
If this device is being managed by a network management station,
AutoSecure configuration may block network management traffic.
Continue with AutoSecure? [no]: y
Gathering information about the router for AutoSecure
Is this router connected to internet? [no]: y
Enter the number of interfaces facing the internet [1]: 1
Interface              IP-Address      OK? Method Status                     Protocol
Vlan1                  unassigned      YES NVRAM  administratively down down
Vlan77                 77.1.1.4        YES NVRAM  down                  down
GigabitEthernet6/1     unassigned      YES NVRAM  administratively down down
GigabitEthernet6/2     21.30.30.1      YES NVRAM  up                    up
Loopback0              3.3.3.3         YES NVRAM  up                    up
Tunnel1                unassigned      YES NVRAM  up                    up
Enter the interface name that is facing the internet: Vlan77
Securing Management plane services...
Disabling service finger
Disabling service pad
Disabling udp & tcp small servers
Enabling service password encryption
Enabling service tcp-keepalives-in
Enabling service tcp-keepalives-out
Disabling the cdp protocol
Disabling the bootp server
Disabling the http server
Disabling the finger service
Disabling source routing
Disabling gratuitous arp
Here is a sample Security Banner to be shown
at every access to device. Modify it to suit your
enterprise requirements.
Authorized Access only
   This system is the property of <Name of Enterprise>.
   UNAUTHORIZED ACCESS TO THIS DEVICE IS PROHIBITED.
   You must have explicit permission to access this
   device. All activities performed on this device
   are logged. Any violations of access policy will result
   in disciplinary action.
Enter the security banner {Put the banner between
k and k, where k is any character}:
k
banner
k
Enter the new enable secret:
Confirm the enable secret :
Enable password is not configured or its length
is less than minimum no. of charactersconfigured
Enter the new enable password:
Confirm the enable password:
Configuration of local user database
Enter the username: cisco
```

```
Enter the password:
Confirm the password:
Configuring AAA local authentication
Configuring Console, Aux and VTY lines for
local authentication, exec-timeout, and transport
Securing device against Login Attacks
Configure the following parameters
Blocking Period when Login Attack detected (in seconds): 5
Maximum Login failures with the device: 3
Maximum time period for crossing the failed login attempts (in seconds): ?
% A decimal number between 1 and 32767.
Maximum time period for crossing the failed login attempts (in seconds): 5
Configure SSH server? [yes]: no
Configuring interface specific AutoSecure services
Disabling mop on Ethernet interfaces
Securing Forwarding plane services...
Enabling unicast rpf on all interfaces connected
to internet
The following rate-limiters are enabled by default:
  mls rate-limit unicast ip errors 100 10
  mls rate-limit unicast ip rpf-failure 100 10
  mls rate-limit unicast ip icmp unreachable no-route 100 10
  mls rate-limit unicast ip icmp unreachable acl-drop 100 10
  mls rate-limit multicast ipv4 fib-miss 100000 100
  mls rate-limit multicast ipv4 partial 100000 100
Would you like to enable the following rate-limiters also?
mls rate-limit unicast ip icmp redirect 100 10
mls rate-limit all ttl-failure 100 10
mls rate-limit all mtu-failure 100 10
mls rate-limit unicast ip options 100 10
mls rate-limit multicast ipv4 ip-options 100 10
Enable the above rate-limiters also? [yes/no]: yes
Would you like to enable the rate-limiters for Ingress/EgressACL bridged packets also?
NOTE: Enabling the ACL in/out rate-limiters can affect ACL logging
      and session setup rate for hardware accelerated features such
      as NAT, Layer 3 WCCP and TCP Intercept
mls rate-limit unicast acl input 100 10
mls rate-limit unicast acl output 100 10
Enable the ACL in/out rate-limiters also? [yes/no]: no
This is the configuration generated:
no service finger
no service pad
no service udp-small-servers
no service tcp-small-servers
service password-encryption
service tcp-keepalives-in
service tcp-keepalives-out
no cdp run
no ip bootp server
no ip http server
```

```
no ip finger
no ip source-route
no ip gratuitous-arps
no ip identd
banner k
banner
k
security passwords min-length 6
security authentication failure rate 10 log
enable secret 5 $1$30kP$f.KDndYPz/Hv/.yTlJStN/
enable password 7 08204E4D0D48574446
username cisco password 7 08204E4D0D48574446
aaa new-model
aaa authentication login local_auth local
line console 0
 login authentication local_auth
 exec-timeout 5 0
 transport output telnet
line vty 0 15
 login authentication local_auth
 transport input telnet
login block-for 5 attempts 3 within 5
service timestamps debug datetime msec localtime show-timezone
service timestamps log datetime msec localtime show-timezone
logging facility local2
logging trap debugging
service sequence-numbers
logging console critical
logging buffered
int Vlan1
 no ip redirects
 no ip proxy-arp
 no ip unreachables
 no ip directed-broadcast
 no ip mask-reply
 no mop enabled
int Vlan77
 no ip redirects
 no ip proxy-arp
 no ip unreachables
 no ip directed-broadcast
 no ip mask-reply
 no mop enabled
int GigabitEthernet6/1
 no ip redirects
 no ip proxy-arp
 no ip unreachables
 no ip directed-broadcast
 no ip mask-reply
 no mop enabled
```

```
    int GigabitEthernet6/2
     no ip redirects
     no ip proxy-arp
     no ip unreachables
     no ip directed-broadcast
     no ip mask-reply
     no mop enabled
    interface Vlan77
     ip verify unicast source reachable-via rx
    mls rate-limit unicast ip icmp redirect 100 10
    mls rate-limit all ttl-failure 100 10
    mls rate-limit all mtu-failure 100 10
    mls rate-limit unicast ip options 100 10
    mls rate-limit multicast ipv4 ip-options 100 10
    !
    end
    Apply this configuration to running-config? [yes]: yes
    Applying the config generated to running-config
    Router#
```

设备与用户互动的内容取决于用户对前面问题的回答，以及设备的系统版本。在上面的示例中，设备与用户进行了如下所述的互动。

- **Continue with AutoSecure? [no]:**：询问是否继续执行 auto secure。这个问题回答 yes（y），设备会继续通过交互式菜单要求回答下面的问题。

- **Is this router connected to internet? [no]:**：询问这台路由器是否连接了互联网。用户应该根据实际情况回答 yes（y）或者 no（n）。需要注意的是，这里的 internet 虽然使用了小写字母 i，但是如果提供了对应的连接接口，那么 auto secure 就会针对该接口配置启用严格模式的 uRPF。从这个角度来看，这里的 internet 应理解为外部网络或者互联网，而不是泛指互联网络。

- **Enter the number of interfaces facing the internet [1]:**：询问设备有几个接口连接了外部网络或者互联网，默认为 1。如果为 1，可以直接按回车键（Enter）。

- **Enter the interface name that is facing the internet:**：询问连接外部网络的接口的名称是什么。在这个问题之前，设备会弹出当前的接口列表，在这里应该输入对应接口的接口名称。

- **Enter the security banner {Put the banner between k and k, where k is any character}**：要求管理员在两个 k 之间输入 Banner（旗标）。读者可以按照示例输入旗标。

- **Enter the new enable secret:**：要求输入设备的 enable 加密密码。

- **Confirm the enable secret:**：要求再次输入前面输入的 enable 加密密码。在示例 2-10 中可以看到，如果输入的密码不符合规范，auto secure 会要求重新输入。这里一共输入了两次。另外，输入的密码不会显示出来。

- **Enter the username:**：要求输入登录设备的（认证）用户名。

- **Enter the password:**：要求输入登录设备的（认证）密码。

- **Confirm the password:**：要求再次输入前面输入的登录设备的密码。

- **Blocking Period when Login Attack detected (in seconds):**：要求输入设备在检测到登录攻击时，会阻塞多少秒的时间（不允许再次进行登录尝试）。

- **Maximum time period for crossing the failed login attempts (in seconds):**：要求输入设备每一轮登录的时间长度。如果这里输入 10，那就意味着每 10 秒为"一轮"登录周期。如果在这个周期内达到了设备设定的登录失败次数，则表示设备检测到了一次登录攻击，于是设备就会应用前面配置的阻塞时长来拒绝新的登录。

- **Configure SSH server? [yes]:**：询问是否要配置 SSH 服务器，即是否允许设备接受 SSH 连接；默认为 yes。如果答案为 yes，可以直接按回车键（Enter）。

- **Enable the above rate-limiters also? [yes/no]:**：询问是否应用上面关于限速器的命令。

- **Enable the ACL in/out rate-limiters also? [yes/no]:**：询问是否应用上面关于 ACL 出入项限速器的命令。

- **Apply this configuration to running-config? [yes]:**：在弹出这条问题之前，设备已经显示了按照这次交互式会话过程会写入运行配置中的命令。如果这里回答 yes（y），那么上面的配置就会写入运行配置中。

另外，在上面的互动过程中也可以看到，可以输入问号（?）要求设备提供可以接受的参数。

当然，命令 **auto secure** 也提供了一些可选项，让设备不弹出这些交互式会话而是直接生成配置。另外，也可以使用可选项让系统只生成针对数据平面（或者说转发命令）的配置，或者只生成管理平面的配置，或者只生成关于 NTP、登录设置、SSH 设备、防火墙功能，以及 TCP 拦截功能的配置。相应命令的完整语法如下所示。

auto secure [management | forwarding] [no-interact | full] [ntp | login | ssh | firewall | tcp-intercept]

显然，提升安全性的设置总是会在一定程度上影响某些正在使用的协议。如果使用 **auto secure** 命令强化了管理层的安全性，那么这台设备就不能再使用 SNMP 或 HTTP 进行管理了。如果希望针对 HTTP 管理应用打开大门，则需要输入全局配置命令 **ip http server**，在这台路由器上恢复 HTTP 服务器的功能。

最后，在使用 **auto secure** 命令生成了大量安全配置之后，可以逐条手动修改生成的配置，但无法通过一条 **no** 命令直接把设备恢复到使用 **auto secure** 命令配置之前的运行配置。因此，在使用 **auto secure** 命令配置设备之前，应该首先保存运行配置，这样才能在必要的情况下恢复之前的配置。

2.8 小结

本章内容比较庞大，也相对驳杂。首先，2.1 节介绍了两种操作系统的防火墙及它们的基本操作方法，同时也对杀毒软件进行了基本的介绍。2.2 节介绍了多种常见的第 2 层安全威胁，以及防御这些威胁的手段。其中包括 MAC 地址攻击和端口安全、STP 操纵攻击和生成树安全策略、VLAN 跳转攻击与缓解、DHCP 欺骗攻击与 DHCP 监听，以及 ARP 欺骗攻击和动态 ARP 监控。

从 2.3 节开始，本章的叙事重点转移向了管理平面。2.3 节对 SSH 协议和 Telnet 协议的区别进行了介绍，强调了前者具备加密的功能，并且介绍了如何将一台 IOS 设备配置为 SSH 服务器。2.4 节介绍了如何给登录 IOS 设备的人员分配不同的权限，以及如何把配置命令分配到不同的特权级别中。2.5 节依然重在介绍管理平面，介绍了 3 种管理功能和协议，即 SNMP、系统日志和 NTP，并且演示了如何在 IOS 系统中配置它们。

2.6 节则把介绍的重点转移到了设备的控制平面。本节首先对数据平面（转发平面）、控制平面和管理平面的概念和架构进行了介绍，接下来介绍了提升控制平面安全的手段。本节以 OSPF 为例演示了路由协议认证，同时演示了 CoPP 和 CPPr 的配置方法，并且借此对 MPF 进行了说明。

2.7 节介绍了 IOS 系统为不甚熟悉安全技术的用户所提供的"一键式"工具——auto secure，并且通过思科官方的案例介绍了 **auto secure** 命令会弹出的典型交互式菜单。同时，本节也对 **auto secure** 命令提供的其他可选项进行了说明。

下一章的重点依然是设备管理平面的保护，我们会在本章的基础上解释何为认证、授权和审计，以及如何通过本地和远程的方式为登录设备的用户执行认证、授权和审计，以保护设备的管理平面安全。

2.9 习题

1. 下列关于 Windows 防火墙的说法，正确的是哪项？
   A. 它的设计目的是为了查杀系统中的病毒、恶意软件和蠕虫
   B. 它可以通过配置来决定哪些应用的流量可以进入和离开系统
   C. 它定义了表-链-规则的防火墙结构
   D. 把 Windows 防火墙恢复到默认值需要通过设置还原点来实现
2. 下列有关攻击者通过泛洪的方式占满交换机 CAM 表的说法，错误的是哪项？
   A. 这种攻击方式利用了交换机泛洪未知单播帧的工作原理
   B. 攻击者在发起攻击时，往往需要伪装大量的源来发送帧

C. 攻击者占满 CAM 表是为了让交换机的转发性能受到影响

D. 这种攻击方式可以通过 IOS 系统提供的端口安全特性来缓解

3. 下列有关 BPDU 过滤的描述，正确的是哪项？

A. 在全局模式下配置和在接口模式下配置，BPDU 过滤的工作方式有所不同

B. 在全局模式启用 BPDU 过滤之后，启用 Portfast 的端口只要接收到 BPDU 就会关闭

C. 如果启用了 BPDU 过滤的端口所连交换机成为根桥，这个端口就会进入阻塞状态

D. 在端口模式下配置了 BPDU 过滤的端口，只会对外发送 BPDU，而忽略接收到的 BPDU

4. 下列有关 DHCP 监听的说法，正确的是哪项？

A. 在启用 DHCP 监听之后，所有端口默认皆为不信任端口

B. 在启用 DHCP 监听之后，所有端口默认皆为信任端口

C. 在启用 DHCP 监听之后，启用了 Portfast 的端口默认为信任端口，其余为不信任端口

D. 在启用 DHCP 监听之后，启用了 Portfast 的端口默认为不信任端口，其余为信任端口

5. 下列关于 DAI 的说法，错误的是哪项？

A. DAI 把端口区分为信任端口和不信任端口

B. DAI 的作用是缓解各类 ARP 攻击

C. DAI 会使用 DHCP 监听生成的映射表

D. DAI 会在启用了 Portfast 的端口上执行

6. 应该尽量使用 SSH 协议，而不要使用 Telnet 作为远程登录协议。这样做的原因是什么？

A. SSH 比 Telnet 更能保证数据的真实性

B. SSH 比 Telnet 更能保证数据的机密性

C. SSH 比 Telnet 更能保证数据的完整性

D. SSH 比 Telnet 更能保证数据的可用性

7. 下列哪种操作是用来让服务器未经请求主动发送消息的操作方式？

A. SNMP GET

B. SNMP SET

C. SNMP Trap

D. SNMP Reply

8. 下列哪种流量会由路由器的控制平面进行处理？

A. NMS 发送给路由器的 SNMP SET 操作流量

B. 客户端经路由器转发给一台邮件服务器的 SMTP 流量

C. 邻居路由器发送给路由器的 OSPF Hello 消息

D. 客户端发送给路由器的 SSH 流量

9. 下列关于 CoPP 和 CPPr 的说法，错误的是哪项？

A. 它们的宗旨都是为了保护设备的控制平面

B. 它们都可以把控制平面的流量分为 3 类进行区别处理

C. 它们都可以起到对流量进行限速的功能

D. 它们都使用 MPF 进行配置

10. 下列关于 auto secure 的说法，错误的是哪项？

A. 在使用这个工具时，管理员必须使用交互式菜单来进行配置

B. 管理员可以通过关键字，让工具着重配置关于设备管理平面的安全特性

C. 在完成配置后，管理员可能会发现某些之前的设备管理方式无法使用

D. 在完成配置后，管理员只能逐条修改配置，不能直接使用 **no** 命令取消配置

第 3 章

认证、授权和审计（AAA）

　　网络安全需要通过安全策略来提供保障，安全策略需要借助安全设备来进行实施。显然，如果想要实施安全策略的人员无法管理安全设备，或者想要破坏安全策略的人员也能管理安全设备，那么一切安全策略的设计落实到网络安全性上，势必付诸阙如。所以，无论从哪个角度看，设备的管理权限决定了安全策略是否能够在网络中得以贯彻。

　　总之，要想确保网络安全，必须对拥有网络设备管理权限的人员进行限制，避免非法用户登录网络设备，对现行网络策略进行修改和破坏。即使对于有权管理设备的人员，最好也有方法可以限制不同人员所能够执行的命令，而不至于一刀切地给予所有合法管理人员相同的管理权限。当然，同样重要的一点是，人们常常需要设备能够记录各个管理人员执行的操作，以便在对网络执行排错或者追踪攻击行为时可以查看各个设备上执行过的命令。本章的重点就是如何为设备提供上述 3 项服务（认证、授权和审计），从而甄别、赋权管理权限，并且记录管理行为。

3.1　AAA 的基本原理

　　认证、授权和审计（Authentication，Authorization，Account，AAA）在保护设备管理平面中发挥着重要的作用。它们提供的服务分别确保了访问设备的人员是合法用户，人员可以执行的操作是合法操作，并且人员曾经执行的操作可以追溯。这 3 项服务可以在很大程度上确保设备管理平面的安全，避免让网络安全的千里之堤溃于设备自身管理平面的"萧墙"。本节的重点是对这 3 项服务的概念及它们的工作方式进行介绍。

3.1.1　认证、授权和审计

　　对于本书的读者来说，认证已经不是一个陌生的概念。2.3 节和 2.4 节中配置的登录信息就是要求用户提供的认证信息。因此，认证就是让用户证明自己身份的操作，它会让设备的用户提供自己是合法用户的凭据，这里所说的凭据包括用户名、密码、数字证书、指纹、人脸识别等。总之，认证的目的是设备要求用户回答"你是谁"这个问题，并且提供凭据来证明自己确实是（自己宣称的）那个人。图 3-1 所示为认证示意图。

图 3-1　认证示意图

授权的作用是通过用户的身份，判断这位用户可以访问哪些资源、执行哪些操作、查看哪些信息。因此，授权的目的是设备根据用户提供的身份来判断这名用户拥有什么样的权限，如图 3-2 所示。

图 3-2　授权示意图

审计的目的则是记录各个用户曾经在这台设备上执行了哪些操作，以及这些操作都是在什么时候执行的。

3.1.2　AAA 的部署方式

AAA 有两种部署方式。一种是被登录设备自己充当 AAA 服务器，它利用管理员在自己本地数据库中配置的信息，对用户提供的信息进行校验，这种方式也称为本地 AAA。另一种方式是部署一台独立的 AAA 服务器，在需要执行 AAA 操作时，被登录设备把相关信息发送给 AAA 服务器进行校验，然后由 AAA 服务器把校验后的数据返给被登录设备，再由被登录设备发送给登录者，这种方式也称为基于服务器的 AAA。这两种部署方式如图 3-3 所示。

在上述两种 AAA 的部署方式中，直接使用网络设备充当 AAA 服务器，在本地对用户提供的数据进行校验，这种做法适合规模很小的网络环境。在规模稍大的网络中，不仅被登录设备数量庞大，用户信息的变更频率也往往很高，采用这种逐一在所有设备上配置 AAA 的方式扩展性过差。因此，规模稍大的网络往往只能采用独立 AAA 服务器的部署方式，使用一台专门的 AAA 服务器来统一为网络中的大量设备提供 AAA 服务。总体来说，使用独立 AAA 服务器的做法在网络中相对比较常用。

在图 3-3 所示的 AAA 架构中，用户尝试登录的路由器称为网络接入服务器（Network

Access Server，NAS）。显然，在 NAS 和 AAA 服务器之间需要某种通信协议。目前，NAS
和 AAA 服务器之间使用的通信协议包括 RADIUS 和 TACACS+两种。这两种协议的具体内
容会在 3.3 节进行介绍。

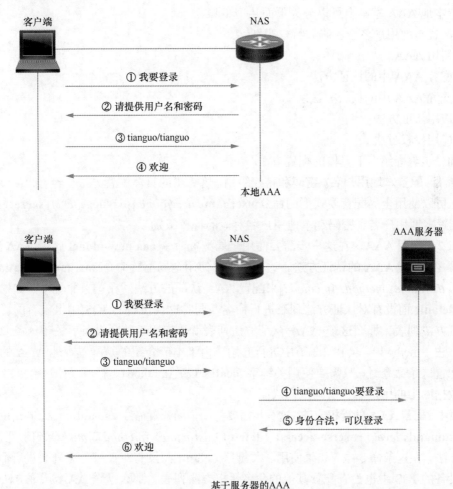

图 3-3 AAA 的两种部署方式

本节介绍了 AAA 的基本概念和两种部署方式。在介绍基于服务器的 AAA 时，本节也提
到了两项 NAS 和 AAA 服务器之间的通信协议，这些内容会在 3.3 节中进行介绍。下一节会
介绍如何实现本地 AAA。

3.2 本地 AAA

在 3.1 节曾经提到，所谓本地 AAA，就是利用被登录设备自身的数据库来匹配登录用户

提供的凭证，以决定是否允许该用户登录，以及应该为该用户分配什么操作权限。这里应该指出的一点是，IOS 系统不支持在本地提供审计功能。因此，本地 AAA 实际上只能提供"本地 AA"，即（使用设备的本地数据库实现）认证和授权。

配置本地 AAA 基本上可以分为下面几个步骤。

1. 配置本地用户名、密码和特权级别。
2. 启用 AAA。
3. 配置 AAA 中的认证方法。
4. 配置 AAA 中的授权方法。
5. 应用认证方法。
6. 应用授权方法。

下面分步骤介绍一下具体的配置方法。

步骤 1 配置本地用户名、密码和特权级别。这一步的具体配置方法已经在 2.4 节中进行过介绍。可以使用全局配置模式下的命令 **username** *username* [**privilege** *level*] **secret** *secret* 在 IOS 中配置本地用户名、密码和本地用户名对应的特权级别。

步骤 2 启用 AAA。在这一步需要使用全局配置命令 **aaa new-model** 启用 AAA。

步骤 3 配置 AAA 的认证方法。这一步需要使用全局配置命令 **aaa authentication login** {**default** | *list-name*} *method1* [*method2*]来配置 AAA 认证的方法。在这条命令中，如果使用了关键字 **default** 而没有对认证方法列表进行命名，同时这台设备的 IOS 中也没有配置其他的命名认证方法列表，那么这个 AAA 认证方法列表就会应用于整台设备。关于这条命令可以选择的方法（method），会在 3.3 节中进行介绍。由于本节介绍的是配置本地 AAA 的方法，因此在配置这条命令时，只需要使用关键字 **local** 来设置 method1，就可以让这台 IOS 设备使用本地数据库中的用户名、密码执行认证。

步骤 4 配置 AAA 的授权方法。这一步需要使用全局配置命令 **aaa authorization** {**network** | **exec** | **commands** *level* | **reverse-access**} {**default** | *list-name*} [*method1* [*method2*]]来配置 AAA 认证的方法。在这条命令中，如果使用了关键字 **default** 而没有对授权方法列表进行命名，同时这台设备的 IOS 中也没有配置其他的命名授权方法列表，那么这个 AAA 认证方法列表就会应用于整台设备。关于这条命令可以选择的方法（method），会在 3.3 节中进行介绍。由于本节介绍的是配置本地 AAA 的方法，因此在配置这条命令时，只需要使用关键字 **local** 来设置 method1，就可以让这台 IOS 设备使用本地数据库执行授权。值得一提的是，这条命令的关键字{**network** | **exec** | **commands** *level* | **reverse-access**}部分，是为了指定要对哪些资源的访问提供授权。比如，如果选择了关键字 **commands**，那就表示这条命令是在对那些要使用某个特权级别命令的用户配置授权方法列表。

步骤 5 应用认证方法。如果在步骤 3 中配置的是命名的认证方法列表，那么就需要在这一步中进入相应的接口/线路，使用命令 **login authentication** *list-name* 来应用这个认证方法列表。

步骤 6 应用授权方法。如果在步骤 4 中配置的是命名的认证方法列表，那么就需要在这一步中进入相应的接口/线路，使用命令 **authorization** {**network** | **exec** | **commands** *level* | **reverse-access**} *list-name* 来应用这个授权方法列表。

例 3-1 所示为一个完整的本地 AAA 配置示例。

例 3-1 本地 AAA 配置示例

```
Router(config)#username tianguo privilege 15 secret ccie
Router(config)#aaa new-model
Router(config)#aaa authentication login TIANGUO local
Router(config)#aaa authorization exec YESLAB local
Router(config)#line vty 0 4
Router(config-line)#login authentication TIANGUO
Router(config-line)#authorization exec YESLAB
```

在例 3-1 中，首先创建了一个特权级别为 15 的用户账号 tianguo，并且为其设置了密码。接下来，全局启用 AAA，并且配置一个名为 TIANGUO 的认证方法列表，指定使用本地（local）执行认证；同时也配置了一个名为 YESLAB 的授权方法列表，指定使用本地（local）为希望进入特权 EXEC 模式的用户执行授权。在完成上述配置之后，进入 vty 0 4 线路，应用前面配置的认证方法列表和授权方法列表。在完成上述配置之后，通过 Telnet 和 SSH 远程登录设备的用户，在登录设备的过程中就需要按照上面的配置进行认证和授权了。

实际上，特权级别为 15 的用户账号在登录时，可以直接进入特权 EXEC 模式。但是，如果配置了 AAA 授权，由于 AAA 的安全级别高于用户名特权级别，因此用户在登录时必须通过授权才能进入特权模式。读者在尝试配置时，可以使用命令 **debug aaa authentication** 和 **debug aaa authorization** 观察设备的本地认证和授权过程。

例 3-1 所示的配置方法看上去似乎有些舍近求远，但是如果把 AAA 看成是一个完整的集中式管理平面保护框架，本地 AAA 只是其中的一项功能，那么采用这样的配置就比较容易理解了。

3.3 基于服务器的 AAA

3.2 节介绍了如何部署本地 AAA，即使用被管理设备自身的数据库，来对用户执行认证和授权。然而在实际网络中，本地 AAA 往往只是 3.2 节中步骤 3 和步骤 4 定义的 AAA 方法列表中，一种靠后的方法（methodx）。这是只有在前面定义的方法因各种原因（如 AAA 服务器临时不可达）无法执行 AAA 服务时，才临时回退的一种 AAA 方法。它存在可扩展性差、难以管理、不支持审计等方面的缺陷。无论从哪个角度来看，基于服务器的 AAA 才是实际网络环境中部署 AAA 服务的主流方式。本节会对与这种 AAA 部署方式相关的内容进行介绍。

在 3.1 节中曾经提到，如果采用基于服务器的 AAA 部署方式，那么在 NAS 和 AAA 服务器之间，需要有某种协议来定义 AAA 消息的封装和发送的流程，让 NAS 可以向 AAA 服务器请求认证、授权和审计信息。在这方面，目前主流的协议为 RADIUS 和 TACACS+两种协议。

3.3.1 RADIUS

RADIUS（Remote Authentication Dial In User Service，远程认证拨入用户服务）是 NAS 和 AAA 服务器之间的公有标准 AAA 协议。其中，NAS 充当 AAA 客户端。

RADIUS 是一种基于 UDP 的协议。这项协议把 AAA 分为认证授权和审计两个模块。针对认证授权服务，RADIUS 使用的官方端口是 UDP 1812 端口，不过 RADIUS 曾经针对认证授权服务使用过 UDP 1645 端口，后来因为与其他服务冲突而改用 UDP 1812 端口。针对审计服务，RADIUS 使用的官方端口则是 UDP 1813 端口。RADIUS 审计曾经使用过 UDP 1646 端口，后来也因为与另一服务冲突而改用 1813 端口。

由于 RADIUS 把认证和授权两项服务进行了合并，因此 RADIUS 服务器会通过访问接受（Access-Accept）消息来提供授权级别。RADIUS 服务器提供认证、授权和审计服务的流程如图 3-4 所示。

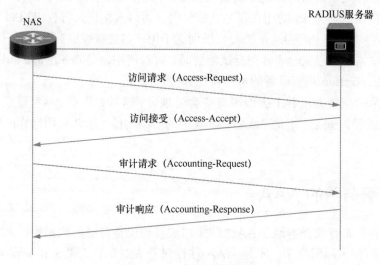

图 3-4　RADIUS 消息流程

图 3-4 所示为几种 RADIUS 消息的类型。无论消息类型为哪一种，RADIUS 定义的数据包结构皆如图 3-5 所示。

在图 3-5 中，RADIUS 消息包含了如下 4 个字段。

- **代码**（Code）：代码字段用来表示这个 RADIUS 消息的类型。比如图 3-4 中的访问请求消息代码为 1、访问接受消息代码为 2、审计请求消息代码为 4、审计响应消息代码为 5。此外，RADIUS 定义的其他消息也有对应的代码，比如 RADIUS 服务器如果拒绝这次访问，那么就会发送一个代码值为 3 的访问拒绝（AccessReject）消息。

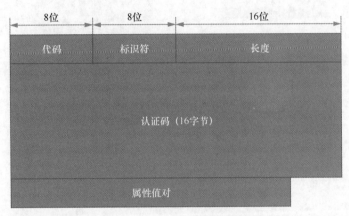

图 3-5　RADIUS 消息封装

- **标识符**（Identifier）：在基于服务器的 AAA 环境中，很有可能会有大量 NAS 发送请求消息，每台 NAS 也有可能在短时间内发送大量请求消息。标识符字段的作用就是标识出请求消息和响应消息的对应关系。
- **长度**（Length）：长度字段用来表示这个消息含头部在内的总长度。
- **认证码**（Authenticator）：认证码的作用是让 NAS 确认自己接收到的消息的确是由合法的 AAA 服务器发送过来的。同时，认证码也会用来对密码进行加密。
- **属性值对**（Attribute Value Pairs，AVP）：属性值对由 3 部分组成，分别为 8 位长度的类型字段（Type）、8 位长度的长度字段（Length）和不定长度的值字段（Value），这 3 个字段也常常合称为 TLV。AVP 用来提供 RADIUS 消息中进行请求和响应的内容。比如，一个访问请求数据包中可以包含用户名、（使用 NAS 和 AAA 服务器之间的共享密钥加密后的）密码、NAS 的 IP 地址等 TLV。我们在属性值对的英文注释中采用了可数名词复数（pairs），原因是一个 RADIUS 数据包中可能且往往携带多组 TLV。每个 TLV 中的 L 标识这个 TLV 从 T（Type）开始到 V（Value）结束的长度。而图 3-5 所示的长度字段则标识了从头部开始到最后一个 AVP 结束的总长度。通过这些 TLV，NAS 可以把用户提供的身份信息通过访问请求消息发送给 AAA 服务器，而 AAA 服务器也可以把授权信息通过访问接受消息发送给 NAS。

综上所述，从用户提供用户名和密码，到 AAA 服务器完成认证和授权的一个完整的过程就可以总结为如图 3-6 所示的流程。

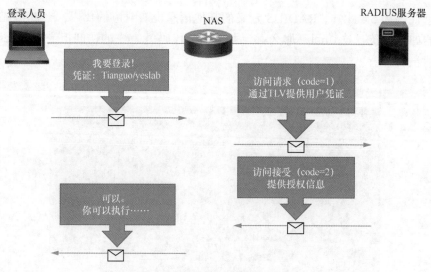

（a）RADIUS服务器接受访问

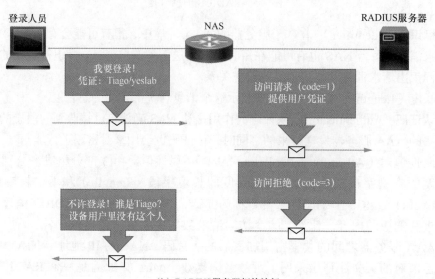

（b）RADIUS服务器拒绝访问

图 3-6

3.3.2 TACACS+

前文中刚刚介绍的 RADIUS 协议是公有标准的协议，而 TACACS+是思科发明的 NAS 和 AAA 服务器之间的私有标准 AAA 协议。虽然 TACACS+是思科私有的协议，但是很多主流厂商（包括阿尔卡特/朗讯、Citrix、IBM、Juniper、北电等）的产品都至少可以对 TACACS+提供部分的支持。与 RADIUS 协议的不同之处在于，TACACS+是一种基于 TCP 的协议，使用 TCP 49 端口提供认证、授权和审计服务。在 NAS 和 AAA 服务器之间开始执行 TACACS+ 通信之前，双方需要首先建立 TCP 连接。

TACACS+服务器提供认证、授权和审计服务的流程如图 3-7 所示。

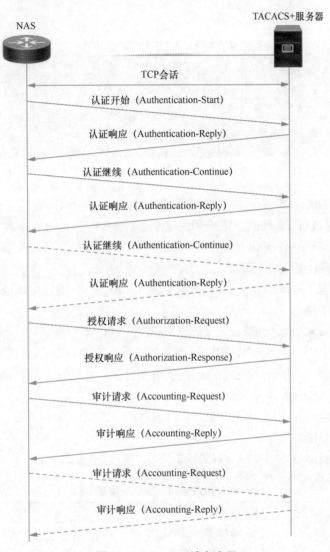

图 3-7　TACACS+消息流程

在图 3-7 所示的 TACACS+的流程中，认证、授权和审计是 3 个独立的模块。另外，AAA 服务器在响应 NAS 认证请求时是分步推进的。比如，AAA 服务器会先通过认证响应（Authentication-Reply）向 NAS 请求提供用户名，在接收到 NAS 通过认证继续（Authentication-Continue）消息提供的用户名之后，AAA 服务器再通过下一个认证响应消息来向 NAS 请求提供密码。图 3-7 中虚线的流程表示在实际通信过程中，一部分消息会视实际需要而在 NAS

与 TACACS+服务器之间进行更多次交互。

图 3-7 所示为几种 TACACS+消息的类型。无论消息类型为哪一种，TACACS+定义的数据包结构皆如图 3-8 所示。

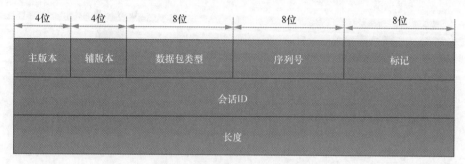

图 3-8　TACACS+消息头部封装

在图 3-8 中，TACACS+头部包含了如下几个字段。

- **主版本**（Major Version）：用来标识这个 TACACS+消息的主版本号。
- **辅版本**（Minor Version）：用来标识这个 TACACS+消息的辅助版本号，也就是在主版本的基础上进行了几次修订。
- **数据包类型**（Packet Type）：用来标识这个 TACACS+消息是认证消息、授权消息，还是审计消息。
- **序列号**（Sequence Number）：用来标识这个 TACACS+会话的序列号。在同一个会话中，后一个 TACACS+消息的序列号是在前一个 TACACS+消息序列号的基础上加 1。
- **标记**（Flag）：用来标识这个数据包的一些特征，比如这个消息是否进行了加密。
- **会话 ID**（Session ID）：用来标识一次 TACACS+会话。
- **长度**（Length）：用来标识 TACACS+消息的总长度。这个字段标识的消息总长度不包括头部长度。

简而言之，RADIUS 和 TACACS+协议的对比可以总结为表 3-1。

表 3-1　　　　　　　　　　　　　RADIUS 和 TACACS+协议

	RADIUS	TACACS+
使用的端口	认证/授权：UDP 1812 审计：UDP 1813	TCP 49
加密	只加密密码 安全性较差	加密整个数据包 安全性较强
AAA 架构	合并了认证和授权服务	AAA 服务独立控制
标准	公有标准	思科私有标准
推荐场合	对网络用户提供 AAA	对网络管理员提供 AAA

3.3.3　AAA 服务器

在介绍了 AAA 服务器与 NAS 的两大通信协议之后,下面来介绍一下本书中使用的 AAA 服务器。

如果在 10 年前使用思科公司的 AAA 解决方案,那么人们会使用 Cisco Secure ACS 作为网络中的 AAA 服务器。Cisco Secure ACS 的全称是思科安全访问控制服务器(Cisco Secure Access Control Server),它可以使用 RADIUS/TACACS+协议与 NAS 进行通信,以集中部署的方式统一为网络中的大量 NAS 设备提供 AAA 服务。

在 2011 年左右,思科推出了一款更为强大的工具,称为思科身份服务引擎(Identity Service Engine,ISE)。在后来的几年时间里,这款产品逐渐取代了 Cisco Secure ACS,成为思科 AAA 解决方案中首选的 AAA 服务器。大约在 2017 年左右,Cisco Secure ACS 正式停产。

1.　思科 ISE 简介与功能介绍

思科 ISE 是一种可用于安全地访问网络资源的安全策略管理平台。思科 ISE 是一个策略决策点,可帮助企业确保合规,加强基础设施的安全并简化服务操作。通过思科 ISE,企业可以从网络、用户和设备收集实时情境信息。然后,可以通过将身份绑定到各种网络元素(包括接入交换机、无线局域网控制器[WLC]、虚拟专用网络[VPN]网关和数据中心交换机),使用该信息做出前瞻性的管理决策。思科 ISE 是一种基于策略的综合访问控制系统,它采用了现有思科策略平台中可用的各种功能。思科 ISE 可执行以下功能:

- 将认证、授权、审计(AAA)、安全评估和分析器服务合并到一个设备中;
- 为思科 ISE 管理员和/或受约束的发起人管理员提供全面的访客访问管理;
- 通过为访问网络的所有终端提供全面的客户端调配措施和设备安全评估来实施终端合规性;
- 为发现、分析、监控网络上的终端设备,并实现基于策略的布局提供支持;
- 在集式式和分布式部署中启用一致的策略,以根据实际需要提供服务;
- 具有可扩展性,可将多种部署方案从小型办公室扩展到大型企业环境。

2.　管理员门户

管理员在登录思科 ISE 时,会看到如图 3-9 所示的管理员门户。其中,①和②所指的地方为 Cisco ISE 的菜单,它们的功能如表 3-2 所示。

图 3-9　思科 ISE 的管理员门户

表 3-2　　　　　　　　　　　　Cisco ISE 管理员门户菜单介绍

序号	菜单项	说明
1	菜单下拉列表	■ Context Visibility：显示有关终端、用户和第三方接入设备（NAD）的信息。取决于您的许可证，信息可按照功能、应用、自带设备（BYOD）和其他类别划分。Context 菜单使用中心数据库，从数据库表、缓存和缓冲区收集信息，使情景面板和列表内容的更新非常快速。Context 菜单由上方的面板和底部的信息列表组成。通过更改列表内列的属性来过滤数据时，面板会刷新以显示更改内容 ■ Policy：用于管理身份认证、授权、分析、安全评估和客户端调配区域中的网络安全 ■ Administration：用于管理思科 ISE 节点、许可证、证书、网络设备、用户、终端和访客服务
2	右上方菜单	■ 显示通知的数量 ■ 搜索终端并按配置文件、故障、身份库、位置、设备类型等显示其分布 ■ 访问当前所示页面的帮助 ■ 设置用户配置文件 ■ 设置系统活动

3. ISE 主页控制面板

思科 ISE 控制面板显示对于有效地进行监控和故障排除很重要的综合性相关统计数据。控制面板元素显示 24 小时内的活动（另有说明的情况除外）。图 3-10 所示为思科 ISE 控制面板上可提供的一些信息。可以仅在主管理节点（PAN）上查看思科 ISE 控制面板数据。

图 3-10 Cisco ISE 的主页控制面板

在图 3-10 中，主页有 5 个默认控制面板展示您的 ISE 数据视图。

■ 摘要（Summary）：在该控制面板中，具有线性指标 Dashlet、饼状图 Dashlet 和列表 Dashlet。

■ 终端与用户（Endpoints and Users）：显示状态（Status）、终端（Endpoints）、终端类别（Endpoint Categories）、网络设备（Network Devices）。

■ 访客（Guests）：显示访客用户类型、登录失败和位置。

■ 漏洞（Vulnerability）：显示由漏洞服务器向 ISE 报告的信息。

■ 威胁（Threat）：显示由威胁服务器向 ISE 报告的信息。

每个 Dashlet 中都有多个预定义的 Dashlet。例如，摘要（Summary）控制面板有状态（Status）、终端（Endpoints）、终端类别（Endpoint Categories）、网络设备（Network Devices）等 Dashlet。

4. 配置主页控制面板

可以通过单击图 3-10 页面右上角的齿轮图标来自定义主页（Home page）控制面板，如图 3-11 所示。

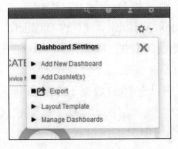

图 3-11 自定义主页

图 3-11 中所示的几个选项包括下面几个。

- 导出（Export）：将当前选定的主页视图保存为 PDF。
- 布局模板（Layout Template）：配置此视图中显示的列数。
- 管理控制面板（Manage Dashboards）：可以将当前控制面板设为默认的控制面板（在选择主页时打开），或者重置所有控制面板（删除对所有主页控制面板的配置）。

5. 情景可视性页面

情景可视性（Context Visibility）页面的结构类似于主页，不同之处在于情景可视性（Context Visibility）页面：

- 在过滤显示数据时，保留当前环境（浏览器窗口）；
- 可定制程度更高；
- 侧重终端数据。

可以仅从主管理节点（PAN）上查看情景可视性数据。

情景（Context）页面上的 Dashlet 显示有关终端和终端到 NAD 的连接信息。当前显示的信息取决于每个页面中 Dashlet 下数据列表中的内容。每个页面根据选项卡名称显示终端数据视图。在过滤数据时，列表和 Dashlet 都将更新。可以单击圆形图的一个或多个部分，也可以过滤表中的行，或者任意组合这些操作来过滤数据。在选择过滤器时，效果是可以叠加的（也称为级联过滤器），可用于深入查找想要的特定数据。也可以单击列表中的终端，以获得终端的详细视图。

可以在情景可视性（Context Visibility）页面下创建新视图，以创建自定义列表来进行其他过滤。

在 Dashlet 中单击圆形图的一部分，打开新页面，其中包含在情景可视性（Context Visibility）模式下通过该 Dashlet 过滤的数据。通过该新页面可以继续过滤显示的数据。

6. Dashlet

图 3-12 所示示例 Dashlet。

① 两个堆叠的窗口符号表示"分离"，单击这个图标可在新的浏览器窗口中打开该 Dashlet。圆圈表示刷新。×用于删除此 Dashlet，它们仅在主页上可用。使用屏幕右上角的齿轮符号可删除情景可视性（Context Visibility）中的 Dashlet。

② 某些 Dashlet 具有不同类别的数据。单击图中显示的这些标签可以查看该数据集的饼状图。

③ 这张饼状图显示的是用户已选择的数据。单击其中一个饼状区域可以在情景可视性（Context Visibility）中打开新选项卡，其中包含基于该饼状区域过滤得到的数据。

在图 3-10 所示的主页控制面板中单击该饼状图的一部分，将打开一个新的浏览器窗口，其中显示由您单击的饼状图部分过滤得到的数据。

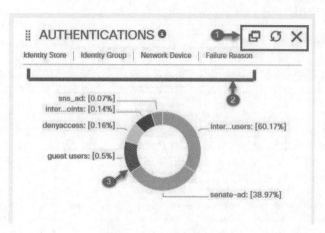

图 3-12　示例 Dashlet

在情景视图（Context Visibility）中单击该饼形图的一部分将过滤显示数据，但不会更改情景；已过滤数据显示在同一浏览器窗口中。

7. 在视图中过滤显示的数据

单击情景可视性（Context Visibility）页面上的任何 Dashlet，可按您单击的项目过滤显示的数据，如图 3-13 所示。

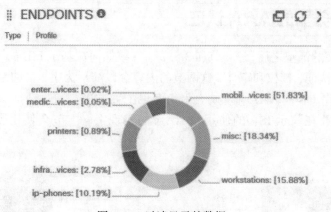

图 3-13　过滤显示的数据

如果在终端 Dashlet 中单击 mobil…vices，页面会重新显示并包含两个终端（ENDPOINTS）Dashlet，一个是网络设备（Network Devices）Dashlet，另一个是数据列表。如图 3-14 所示，其中最左侧的终端（ENDPOINTS）Dashlet 和列表显示的是移动设备的数据。

由于 Cisco ISE 会作为 AAA 服务器被反复使用，因此，在本节引述了思科官方管理指导手册中涉及 ISE 界面的基本介绍。在后文涉及 AAA 服务器部署的内容中，我们会部分演示

Cisco ISE 的配置和使用。

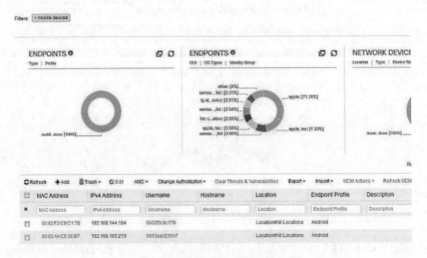

图 3-14 显示移动设备的数据

本节首先对 RADIUS 和 TACACS+协议的原理进行了介绍，接下来介绍了时下思科 AAA 解决方案中的主流产品：思科身份服务引擎（Cisco ISE），并且对这款产品的操作界面进行了简要介绍。下一节会介绍如何配置基于 AAA 服务器的认证。

3.4 基于服务器的 AAA 认证

在进行了前文的铺垫之后，3.4 节和 3.5 节会介绍如何在基于 ISE 的 AAA 环境中，通过 TACACS+来提供认证、授权和审计。这两节的内容会以演示为主，目的是通过一个简单的环境，帮助读者熟悉 IOS 的 AAA 配置方法和 ISE 的配置方法。

为了把重点放在演示 ISE 的使用与 AAA 的实现上，本节会使用图 3-15 所示的这个拓扑。

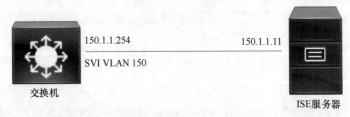

图 3-15 使用 ISE 服务器提供认证、授权和审计的示例拓扑

首先，需要在交换机上进行与认证有关的配置，如例 3-2 所示。

例 3-2 在交换机上完成认证的配置

```
Switch(config)#aaa new-model
Switch(config)#aaa group server tacacs+ AAA
Switch(config-sg-tacacs+)#server-private 150.1.1.11 key Cisco@123
Switch(config)#aaa authentication login default group AAA local
Switch(config)#aaa authentication login noAAA none
Switch(config)#line con 0
Switch(config)#login authentication noAAA
```

在例 3-2 中，在全局启用了 AAA。然后进入 tacacs+服务器组配置模式，指定 ISE 服务器的 IP 地址（150.1.1.11）和通信密码（Cisco@123）。接下来，配置了默认的认证方法列表（首先使用前面配置的服务器组 AAA 执行认证，然后使用本地数据库执行认证）。

然后，又配置了一个名为 noAAA 的认证方法列表，指定不执行认证。然后把后面的认证方法列表应用于通过 Console 端口管理设备的用户。注意，这样做是为了保证在所有用户因为忘记密码等原因无法通过 AAA 认证时，至少可以在通过 Console 端口对设备进行物理管理时，不需要接受认证。这就给在极端情况下管理设备预留了最后一种可行的方式。这里顺便一提，由于通过 Console 端口管理设备的方式往往要预留作为最后的管理手段，而且这种管理方式可以绕过一些管理安全策略，所以设备的物理安全一定要得到保证，包括对出入机房人员的管理策略需要严格得到执行和贯彻。

完成之后，接下来需要登录到 ISE 上，并且单击图 3-9 中的 Administration 标签，然后选择 Deployment，如图 3-16 所示。

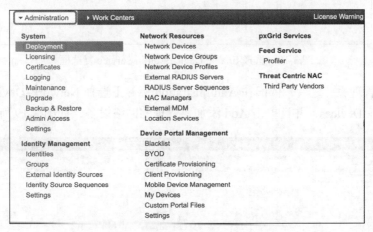

图 3-16 单击 Administration 标签中的 Deployment

在左边的 Deployment 窗口中选择 Deployment，然后选择 Deployment Nodes 窗口中的 admin，如图 3-17 所示。

接下来，向下拉动滚动条，选中 Enable Device Admin Service 复选框来启动设备管理服务，然后单击 Save 进行保存，如图 3-18 所示。

图 3-17 从 Deployment Nodes 中选择 admin

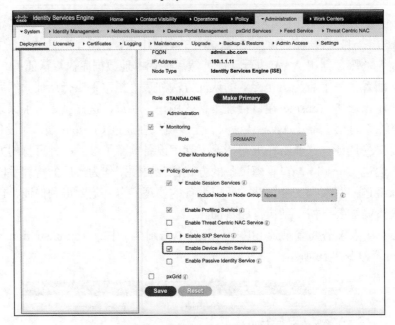

图 3-18 选择 Enable Device Admin Service 复选框

启用设备管理服务之后，依旧在 Administration 标签下选择 Network Devices，然后在左侧选择 Network Devices，并且单击 Add 添加要管理的网络设备，如图 3-19 所示。

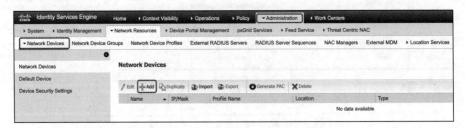

图 3-19 在 ISE 中添加被管理的网络设备

在本例中，被管理设备就是图 3-15 中的交换机。在这里需要在 ISE 中填写交换机对应的 IP 地址（150.1.1.254），以及和例 3-2 相匹配的密码（Cisco@123），如图 3-20 和图 3-21 所示。不过，图 3-20 中的 Name 并不需要和交换机上的主机名相匹配，因为在交换机和 ISE 上的

Name 设置都只具有本地意义。

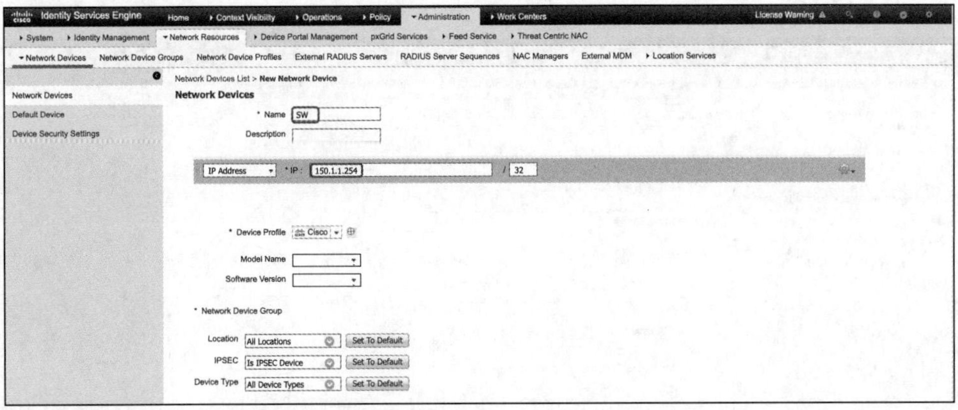

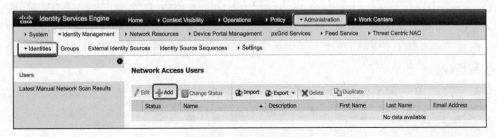

图 3-20　添加和被管理设备对应的 IP 地址

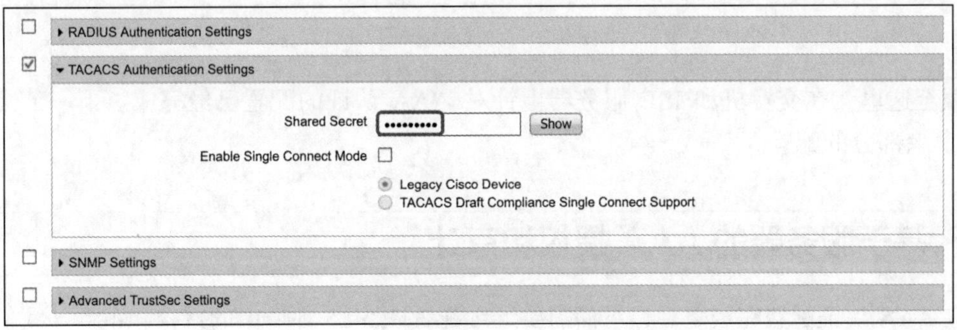

图 3-21　添加和被管理设备对应的密码

上述设置是为了实现与交换机之间的 TACACS+通信，下面还需要设置管理用户的信息，指定谁可以登录交换机的管理平面，以便为交换机提供认证服务。

这时，需要在 Administration 标签下选择 Identity Management，然后选择 Identities。在 Users 标签中，单击 Add 添加用户，如图 3-22 所示。

图 3-22　添加管理用户

接下来，就可以在 ISE 上定义交换机的管理用户了。在如图 3-23 所示的页面中，可以输入管理用户的用户名和密码，密码需要进行确认。

图 3-23 定义管理用户

截至这里，在交换机和 ISE 服务器上针对 AAA 认证的配置已经完成。下一节会演示 AAA 其余部分的配置。

3.5 基于服务器的 AAA 授权和审计

在 AAA 认证配置完成之后，下面需要继续配置图 3-15 环境中的授权和审计。我们还是从交换机上开始演示配置。交换机上关于授权和审计的配置如例 3-3 所示。

例 3-3 在交换机上完成授权和审计的配置

```
Switch(config)#aaa authorization config-commands
Switch(config)#aaa authorization exec default group AAA local
Switch(config)#aaa authorization commands 15 default group AAA local
Switch(config)#aaa accounting exec default start-stop group AAA
```

在例 3-3 中，配置了一个默认名称的授权方法列表，指定首先使用例 3-2 中配置的服务器组 AAA 为希望进入特权 EXEC 模式的用户执行授权，然后使用本地数据库执行这种授权。然后又配置了一个默认名称的授权方法列表，让交换机按照相同的顺序来为使用 15 级命令的用户执行授权。

最后，使用命令 **aaa accounting** 让交换机仅使用 AAA 服务器对执行 EXEC 终端会话的所有操作行为执行审计。注意，关键字 **start-stop** 的作用是让审计功能在连接建立时发送一条"开始"记录，在连接断开时发送一条"终止"记录。

在完成交换机端的配置之后，需要继续在 ISE 服务器上执行相应的配置。

单击 ISE 的 Work Centers 标签，找到 Device Administration 然后选择 Policy Elements。

因为在本实验中，交换机和 AAA 服务器（ISE）之间采用的通信协议是 TACACS+，所以需要在左侧的 Results 栏中选择 TACACS Command Sets，然后命名这个命令集，并且勾选 Permit any command that is not listed below 复选框，然后单击 Save，如图 3-24 所示。

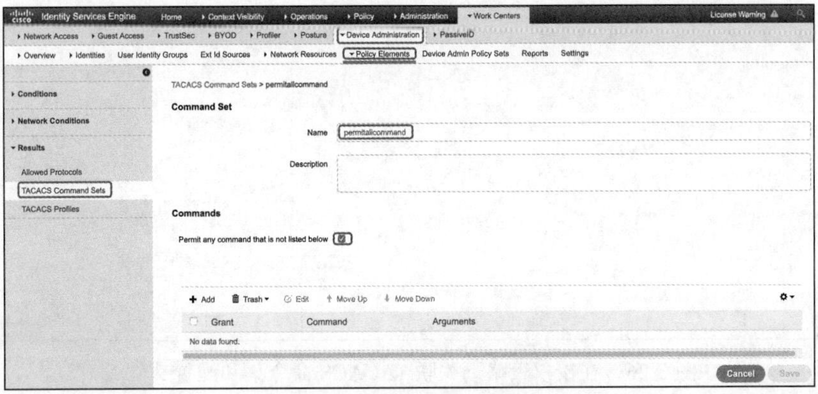

图 3-24　设置 TACACS 命令集

接下来，需要单击左边的 TACACS Profiles，并且输入默认的特权级别，如图 3-25 所示。

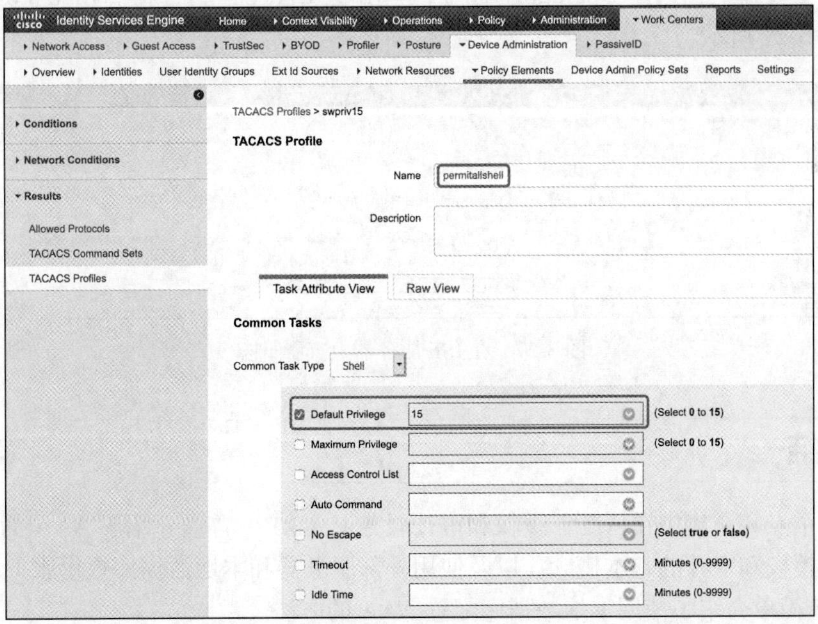

图 3-25　设置 TACACS 配置文件

最后，在 ISE 的 Work Centers 标签的 Device Administration 下，选择 Device Admin Policy

Sets。然后在授权策略下，输入前面生成的 TACACS 命令集和 TACACS 配置文件，从而把 TACACS 命令集和 TACACS 配置文件在授权策略下面关联起来，如图 3-26 所示。

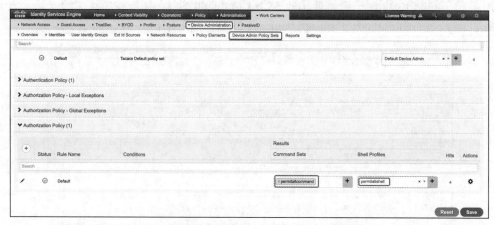

图 3-26　在授权策略下关联 TACACS 命令集和配置文件

如果需要测试，可以尝试通过 Telnet 连接到交换机，然后使用在图 3-23 中创建的用户账户登录到交换机的命令行界面，输入 **show privilege** 来查看当前的特权级别。接下来，可以登录到 ISE 服务器上，选择 Operations 标签，单击 TACACS，然后观察 Live Logs 中的日志信息，如图 3-27 所示。

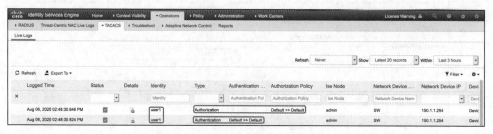

图 3-27　在 ISE 服务器上查看日志

3.6　小结

本章的重点完全集中在认证、授权和审计服务上。3.1 节首先介绍了 AAA 的基本原理，包括认证、授权和审计的基本概念，以及使用外部服务器和本地数据库提供服务的两种部署方式。3.2 节简单介绍了使用本地数据库配置 AAA 的方法。

从 3.3 节开始，重点放在了服务器的 AAA 上。3.3 节首先介绍了 NAS 和 AAA 服务器进行通信的两大协议：RADIUS 和 TACACS+，并且对这两项协议进行了介绍。在这之后又介绍了 Cisco ISE 的基本界面。

3.4 节和 3.5 节通过一个非常简单的网络拓扑，介绍了如何通过配置充当被管理设备的网络基础设施（交换机）和 ISE 服务器，来通过 AAA 服务器对这台设备的管理者执行 AAA。

3.7 习题

1. 使用全局配置命令 **aaa authentication login default group AAA local** 是为了让这台设备做什么？
   A. 不使用本地数据库来认证用户
   B. 不优先使用本地数据库来认证用户
   C. 优先使用本地数据库来认证用户
   D. 仅使用本地数据库来认证用户

2. 下列关于 TACACS+ 协议的说法，错误的是哪项？
   A. 用于 NAS 和 AAA 服务器之间
   B. 是思科的私有协议
   C. 使用 UDP 作为传输层协议
   D. 消息中携带数据包类型字段

3. 下列关于 RADIUS 协议的说法，错误的是哪项？
   A. 用于 NAS 和 AAA 服务器之间
   B. 是思科的私有协议
   C. 使用 UDP 作为传输层协议
   D. 消息中不携带数据包类型字段

第 4 章

加密系统

2000 多年来，人类对于加密的需求一直有增无减。同时，出于国家安全、个人利益，甚至只是出于对窥探机密的那份好奇与执着，一切可以用来解密的手段和资源，从频率分析法到量子并行计算，也在"道高一尺，魔高一丈"的竞赛中不断脱颖而出，密码分析学也日渐变成了一门"显学"。

在国家与国家之间，一场关于不断提升加密和解密能力的技术竞赛早已展开，输掉的一方对于赢家来说将再也没有任何机密可言，赢得竞赛的一方却也只能心中暗喜，不敢让对方察觉到他们的隐私自己已经了若指掌。个人层面，比尔密码（Beale ciphers）中记载的宝藏在过去的百余年来依然刺激着无数的解密爱好者和专家机构，人人都希望能够看破那三篇杂乱数字背后的隐秘，把价值近半亿美元的财宝揽入囊中。

对于信息安全从业人员来说，热爱密码学和密码分析学当然会让人具备更大的优势。但哪怕对密码学毫无兴趣，从业人员依然需要掌握一些关于密码的基本原理，以便在自己的职业生涯中不会为一些简单的术语、方法和概念所困。

为了达到抛砖引玉的目的，本章会重点着墨于密码学的发展、密码体系的架构，并且尽量规避复杂的数学模型。如果这些内容唤起了读者在密码学方面的兴趣，建议补修数论和密码学课程，这些课程是深入了解数字密码世界奥秘的钥匙。

4.1 加密学原理

在前面几章的内容中曾经提到，在不可靠的环境中传输数据时，数据面临着暴露给非法用户的风险。非法用户可以通过大量手段截获源和目的之间传输的数据，无论是通信的发起方和接收方，还是通信系统的设计方和实施方，都无法规避人们在公共传输媒介中截获信息的可能性。在这样的大背景下，要想确保信息的机密性/保密性，比较合理的考量是从信息的可读性上入手，对明文信息进行加密，确保在合理的时间范围内，只有信息的合法接收方能够读懂信息的真实含义。这样一来，即使非法用户截获了信息，他们也依然无法让这些信息发挥价值。

4.1.1 密码的产生

从加密的角度来看，要把一段文字（即明文）加密成另一段文字（即密文），同时保证合法的接收方可以把密文再恢复回明文，一般有两种手段。一种手段是位移，另一种手段是替换。

所谓位移就是在传输信息时打乱文字的传输顺序。这样一来，只要未加密的明文达到一定长度，它就可以制造出足够多的组合，让非法用户无法在合理的时间内通过暴力破解的方式恢复成原文。位移加密示例如图 4-1 所示。

> **只未密明达一长它可制出够的合非用无在理时内过力解放恢成文**
>
> **要加的文到定度就以造足多组让法户法合的间通暴破的式复原**

图 4-1　位移加密示例

图 4-1 就是一个位移加密的简单示例。我们把教材中一自然段中的一句话拆分成了两行，奇数字排在第一行，偶数字排在第二行。通信双方可以相互约定，按照这种方式重新排列要传输的文字，从而在公开媒介中把明文变成密文。当然，这里只是给位移加密进行举例说明。在实际加密应用中，进行位移的单位通常也不会是汉字。

希腊文明在公元前 5 世纪开始使用的密码棒也属于典型的位移加密，人们把皮革缠绕在一个固定尺寸的棒子上（见图 4-2），书写要传递的信息。在对方拿到这条书写着信息的密码条之后，把它缠绕在相同尺寸（直径）的棒子上，就可以解密其中的信息。如果密码条在传递中途被其他人截获，而这个人又不知道密码棒的尺寸，那么他就需要花一番工夫才能解读其中的信息。

图 4-2　密码棒

把明文变成密文的另一种方法是替换，也就是通过替换的方式把明文变成密文。最早的替换法加密可能出自《圣经·旧约》。在《耶利米书》第 25 章有："北方远近的诸王，以及天下、地上的万国喝了，以后示沙克王也要喝。"这里的"示沙克"（Sheshach）其实是"巴比伦"（Babel）的加密文。在希伯来文中，Babel（לבב）的第一个字母是"ב"（这是希伯来文字母表中的第 2 个字母），第二个字母也是"ב"，第三个字母是"ל"（这是希伯来文字母表中的第 12 个字母）。如果把"ב"替换为希伯来文的倒数第 2 个字母"ש"，把"ל"替换为希伯来文的倒数第 12 个字母"ך"，就形成了"ךשש"，即 Sheshach（示沙克）。这种按照某种方式把一些字母替换为另一些字母的做法，就属于典型的替换法。

> 注释：希伯来文是从右向左书写的。

凯撒所著的《高卢战记》可能介绍了除《圣经·旧约》外，次古老替换法加密的应用，即使用希腊字母替代罗马字母来向西塞罗传递信息。之后的凯撒密码也属于一种替换方法，也就是把每个单词都用正确信息的后 3 个字母来替代，比如字母 a 写成字母 d，字母 b 写成字母 e；以此类推。

4.1.2　维吉尼亚密码

使用位移和替换的方法固然可以实现加密的效果，但是这种加密的效果显然是很薄弱的。获取到密文的一方使用频率分析法往往可以比较轻松地分析出密文所对应的明文。

频率分析法是一种最基本的密码分析法。这种分析法的原理在于，对于任何一种字母语言来说，每个字母的使用频率都是不同的。因此，一个文本如果足够长，那么这段文本中每个字母的使用频率最后会趋于这种语言各个字母的使用频率。比如，英文有 26 个字母。根据统计，这 26 个字母中，使用频率最高的是字母 e，频率约等于 12.7%；使用频率最低的则是字母 q 和字母 z，它们的使用频率约等于 0.1%。这样一来，如果加密者单纯地使用位移和替换法来对文字进行加密，只要可以确定信息的原文为英文，那么密文中出现频率最高的符号很有可能就是字母 e。另外，字母语言常常会展现出某种特殊的组合规律，比如在英文中出现频率最低的字母 q，后面唯一可能出现的字母只有字母 u，而 u 的出现频率是 2.8%。因此，一个出现频率很低的符号，后面跟着一个出现频率在 3%左右的符号，且这种组合连续出现两次，解密者就有理由怀疑这两个符号代表字母"qu"。

法国外交官维吉尼亚（Blaise de Vigenère）在外交工作期间逐渐对密码学产生了兴趣。在行将 40 岁时，他辞去了外交官的工作，开始用自己的积蓄开展密码研究，发明了一套更加强大的密码系统，如图 4-3 所示。

频率分析法的基础是，不同字母的使用频率不同，因此加密后的符号出现频率也应该展示出加密前明文的字母出现频率。维吉尼亚密码则通过引入密钥（key）的方式，规避了这个问题。比如，一段明文为单词 attack，那么单纯通过替换的方法，密文也会出现两对重复的符号，即字母 a 和字母 t 的加密符号。但是，如果使用 key 这个单词作为密钥来执行维吉尼亚加密方式，在表的第一行查找明文，在表的第一列查找密钥，对应的单元格即为密文，那么对明文 attack 的加密过程就如表 4-1 所示。

	A	B	C	D	E	F	G	H	I	J	K	L	M	N	O	P	Q	R	S	T	U	V	W	X	Y	Z
A	A	B	C	D	E	F	G	H	I	J	K	L	M	N	O	P	Q	R	S	T	U	V	W	X	Y	Z
B	B	C	D	E	F	G	H	I	J	K	L	M	N	O	P	Q	R	S	T	U	V	W	X	Y	Z	A
C	C	D	E	F	G	H	I	J	K	L	M	N	O	P	Q	R	S	T	U	V	W	X	Y	Z	A	B
D	D	E	F	G	H	I	J	K	L	M	N	O	P	Q	R	S	T	U	V	W	X	Y	Z	A	B	C
E	E	F	G	H	I	J	K	L	M	N	O	P	Q	R	S	T	U	V	W	X	Y	Z	A	B	C	D
F	F	G	H	I	J	K	L	M	N	O	P	Q	R	S	T	U	V	W	X	Y	Z	A	B	C	D	E
G	G	H	I	J	K	L	M	N	O	P	Q	R	S	T	U	V	W	X	Y	Z	A	B	C	D	E	F
H	H	I	J	K	L	M	N	O	P	Q	R	S	T	U	V	W	X	Y	Z	A	B	C	D	E	F	G
I	I	J	K	L	M	N	O	P	Q	R	S	T	U	V	W	X	Y	Z	A	B	C	D	E	F	G	H
J	J	K	L	M	N	O	P	Q	R	S	T	U	V	W	X	Y	Z	A	B	C	D	E	F	G	H	I
K	K	L	M	N	O	P	Q	R	S	T	U	V	W	X	Y	Z	A	B	C	D	E	F	G	H	I	J
L	L	M	N	O	P	Q	R	S	T	U	V	W	X	Y	Z	A	B	C	D	E	F	G	H	I	J	K
M	M	N	O	P	Q	R	S	T	U	V	W	X	Y	Z	A	B	C	D	E	F	G	H	I	J	K	L
N	N	O	P	Q	R	S	T	U	V	W	X	Y	Z	A	B	C	D	E	F	G	H	I	J	K	L	M
O	O	P	Q	R	S	T	U	V	W	X	Y	Z	A	B	C	D	E	F	G	H	I	J	K	L	M	N
P	P	Q	R	S	T	U	V	W	X	Y	Z	A	B	C	D	E	F	G	H	I	J	K	L	M	N	O
Q	Q	R	S	T	U	V	W	X	Y	Z	A	B	C	D	E	F	G	H	I	J	K	L	M	N	O	P
R	R	S	T	U	V	W	X	Y	Z	A	B	C	D	E	F	G	H	I	J	K	L	M	N	O	P	Q
S	S	T	U	V	W	X	Y	Z	A	B	C	D	E	F	G	H	I	J	K	L	M	N	O	P	Q	R
T	T	U	V	W	X	Y	Z	A	B	C	D	E	F	G	H	I	J	K	L	M	N	O	P	Q	R	S
U	U	V	W	X	Y	Z	A	B	C	D	E	F	G	H	I	J	K	L	M	N	O	P	Q	R	S	T
V	V	W	X	Y	Z	A	B	C	D	E	F	G	H	I	J	K	L	M	N	O	P	Q	R	S	T	U
W	W	X	Y	Z	A	B	C	D	E	F	G	H	I	J	K	L	M	N	O	P	Q	R	S	T	U	V
X	X	Y	Z	A	B	C	D	E	F	G	H	I	J	K	L	M	N	O	P	Q	R	S	T	U	V	W
Y	Y	Z	A	B	C	D	E	F	G	H	U	J	K	L	M	N	O	P	Q	R	S	T	U	V	W	X
Z	Z	A	B	C	D	E	F	G	H	I	J	K	L	M	N	O	P	Q	R	S	T	U	V	W	X	Y

图 4-3 维吉尼亚密码表

表 4-1 维吉尼亚加密示例

明文	a	t	t	a	c	k
密钥	k	e	y	k	e	y
密文	k	x	r	k	g	u

如表 4-1 所示，单词 attack 就被加密为了 kxrkgu，两个字母 t 的密文分别为 x 和 r。同时，因为密钥过短所以需要重复，因此两个 a 的密文碰巧还是 k。如果这种模式多次出现，当然也会给破解者提供可乘之机，所以密钥的长度和加密的安全性是正相关的。

随着电子计算机的发展，加密的应用变得越来越广泛。由于电子计算机处理的是二进制，因此信息需要首先编码为二进制，然后再使用密钥通过执行运算进行加密。尽管具体的操作已经和维吉尼亚密码截然不同，但维吉尼亚密码这种使用密钥加密明文，避免密文出现重复模式的思路却延续了下来。

4.1.3 对称加密算法

在使用维吉尼亚密码进行加密的时候，为了确保接收到密码的人可以准确地解读密文，收发双方需要在传递信息之前商量好加密用的密钥，因为在通信过程中，双方加密和解密需要使用相同的密钥。凡是**加密和解密使用相同密钥的加密算法，就称为对称加密算法，或者共享密钥加密算法**。

对称密钥加密算法如图 4-4 所示。

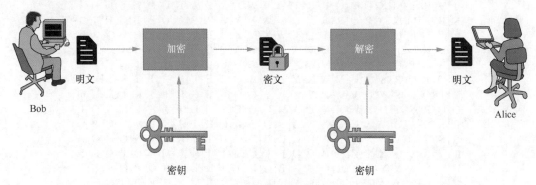

图 4-4 对称密钥加密算法

在图 4-4 中可以看到，一份文件在发送方一侧经过了密钥的加密，由明文变成了密文。完成传输之后，在接收方一侧通过相同的密钥进行解密，由密文还原为原文。这个过程所采用的算法，就是典型的对称密钥加密算法。

> **延伸阅读：** 在密码学领域，有很多三人组享有盛名，比如麻省理工学院的 Ronald Rivest、Adi Shamir 和 Leonard Adleman，没有他们就没有 RSA 算法的问世；再比如斯坦福大学的 Whitfield Diffie、Martin Hellman 和 Ralph Merkle，他们共同开发了 Diffie-Hellman-Merkle 算法，并且最早构思了下文马上要介绍的非对称加密算法等。不过，在密码学领域，最声名显赫的三人组非 Alice、Bob 和 Eve 莫属。在大量密码学相关的读物中，Alice 和 Bob 都扮演着需要进行加密通信的双方，而 Eve 则扮演着千方百计想要破解他们之间加密信息的攻击者角色。本书也会沿用这种做法。

在表 4-1 中可以看到，如果采用维吉尼亚密码的方法，那么就需要每个明文字母和一个密钥字母执行一一匹配，来查找这两个字母对应的明文。那么，在电子计算机时代，各类对称加密算法的明文和密钥都是二进制字符，这时是否要采用这种明文和密钥一一对应运算的方式呢？对于这个问题的回答，各种对称加密算法分为了下面两种不同的阵营。

- **流加密**（Stream cipher）**算法**：流加密算法采用的运算方式和维吉尼亚密码有异曲同工之妙。明文数据需要一一和密钥数据执行对应运算，运算往往是以位（bit）为单位对应执行异或运算。典型的流加密算法有 RC4 和 WEP（有线等效加密），后者目前因为安全性问题已经不推荐使用。

- **分组加密**（Block cipher）**算法**：分组加密算法也称为块加密算法。这种算法把要加密的明文分成多个长度相等的数据块（block），然后使用密钥对每个数据块执行运算再重新组合，从而达到加密的目的。典型的分组加密算法包括 DES、3DES、AES 和 IDEA 等。

4.1.4 DH 算法

对称加密算法的逻辑非常简单，运算往往也不复杂。前文提到，对称加密算法又称为共享密钥加密算法，因此这种算法本身就暗示了它的薄弱环节：密钥。如果通信双方长期使用相同的密钥来加解密信息，这种密钥很容易就会被破解。但如果通信双方时常修改加解密密钥，那么交换密钥的过程就会给密钥泄露制造契机。

从表面上看，这里似乎存在一个逻辑死循环：要安全地传输数据，就要求通信的双方拥有密钥，而要想安全地传输密钥，就要求双方能够安全地传输数据。这个所谓的死循环其实并不是全然无解的。

读者可以做这样一个思维实验：Alice 希望用给文件盒套锁的方式，给 Bob 发送不会被别人浏览的密信。显然，如果 Alice 直接给 Bob 发送一个文件盒，并且把这个文件盒上锁，那么 Bob 在拿到文件盒的时候，是无法打开的。如果 Alice 通过相同的方式让人把开锁的钥匙也交给 Bob，那么文件盒中的信件乃至之后双方发送的信件就都有可能被别人看到，因为通过别人转交钥匙总是不那么可靠的。

不过，如果 Alice 先把文件盒套锁，然后托人发送给 Bob，Bob 给文件盒再套一层锁，然后托人送回给 Alice。Alice 第二次收到这个文件盒的时候，开启自己套上去的挂锁，再把锁文件盒回给 Bob，这样 Bob 用自己的钥匙把自己套上去的挂锁打开，就可以看到 Alice 发送的信息了，如图 4-5 所示。

上面这个思维实验达到了这样一个目的，即通信双方从来没有交换过钥匙，他们各自使用自己的钥匙就完成了通信的加密，同时确保在整个过程中文件盒从未以未上锁的形式交由第三方进行转发。

问题是，在现代通信环境中，这个思维实验和真实环境有一个重要的差异，那就是每个人在文件盒上增加的挂锁在操作意义上都是平等的，这也就是说挂锁和开锁没有时间顺序方面的要求。然而，在现代通信环境中，加密和解密是针对原始数据一层一层执行的，最后一次加密操作所对应的解密操作，很可能必须是第一次解密操作。如果像图 4-5 那样，让先加密（即上锁）的一方先进行解密（即开锁），数据（即文件盒里面的文件）很可能无法恢复成最初的原文。不过，图 4-5 所示的流程至少提供了一种启发：通信双方也许可以通过密钥，计算出一些加密所需的"密钥材料"，双方可以使用这些密钥材料计算出那个共同的密钥，从而避免密钥在公共媒介上传输。同时，为了确保 Eve 不能通过这些"密钥材料"计算出密钥，在使用密钥来计算"密钥材料"时，计算必须是单向的。

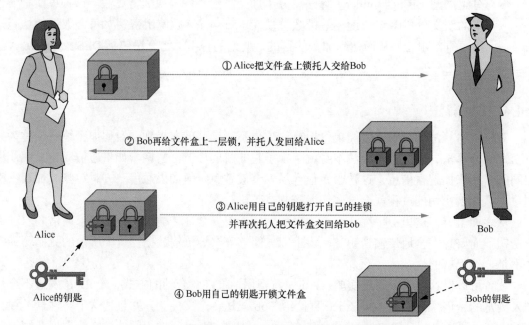

图 4-5　不需要交换密钥来执行密钥加密的思想实验

在加密领域，一种比较常见的单向函数是求模函数。求模的本质是求除法的余数，如 18(mod 7)=4，因为用 18 除以 7，等于 2，余数是 4；再如 28(mod 5)=3，因为 28 除以 5 等于 5，余 3。

求模函数难以进行逆运算的理由是显而易见的，因为除法的商可以是任意值。例如，我们已知现在是北京时间上午 9 点，那么我们可以轻松计算出 390 小时之后是 15 点，因为 390(mod 24)=6，且 9+6=15。如果我们已知现在是北京时间上午 9 点，未来某一刻是 15 点，则完全无法判断这两个时刻之间经历了多少小时，因为我们不知道这两个时刻之间间隔了多少天。

在这样的基础上，Martin Hellman 发现使用 $g^a(\text{mod } p)=A$ 这个函数可以作为算法的理想函数。此后，他和 Whitfield Diffie、Ralph Merkle 三人共同开发出了 Diffie-Hellman-Merkle 算法（简称为 DH 算法）。

简而言之，在加密的过程中，Alice 和 Bob 之间只需要通过公共媒介交换两个值就可以计算出用来加解密的密钥，而 Eve 即使截获了这两个值也完全无法推断出密钥。这个过程的具体流程如下。

步骤 1　发起方（Alice）会随机生成下面 3 个参数（正整数）。

- p：一个巨大的素数，如果用十进制来表示则有数百位，因为是素数（prime），所以通常用 p 来表示。

■ g：一个整数。

■ a：一个小于 p，大于 0 的随机数。

步骤 2 发起方（Alice）计算出整数 A，使 $A = g^a \pmod p$。然后，将整数 g、素数 p 和在这里计算出来的 A 发送给接收方。

步骤 3 在接收方（Bob）接收到这 3 个数之后，它也随机生成一个小于 p，大于 0 的随机数 b，并且计算出整数 B，使 $B = g^b \pmod p$。然后，Bob 把 B 发送给接收方。

步骤 4 接收方（Bob）在接收到 g、p、A，并且生成了随机数 b 之后，就已经可以计算出密钥 K 了。计算方法是 $K = A^b \bmod p$。

步骤 5 发送方（Alice）在接收到 B 之后，也会用自己生成的随机数计算出密钥 K。计算方法是 $K = B^a \bmod p$。

> **注释：** $A^b \pmod p = [g^a \pmod p]^b \pmod p = g^{ab} \pmod p = K$
> $B^a \pmod p = [g^b \pmod p]^a \pmod p = g^{ab} \pmod p = K$

如果站在 Eve 的角度看，她可以拦截到 g、p、A、B，但是因为她既没有 a、b，也无法通过 g、p、A、B 逆向计算出 a、b，所以她不可能通过这些"密钥材料"计算出 K。

通过上面的介绍不难发现，DH 算法通过求模函数避免了密钥直接在公共媒体上传输，在一定程度上缓解了对称加密算法固有的最大弱点。但是 Whitfield Diffie 并不满足，他希望更进一步。

4.1.5 非对称加密算法

在完成了 DH 算法的设计之后，Whitfield Diffie 构思出了这样一种可能性算法：加密和解密需要通过不同的密钥来完成。也就是说，通过两个密钥组成一个密钥对，用一个密钥加密的信息必须用另一个密钥来解密。这样一来，通信的任何一方都可以把其中的一个密钥对所有人广而告之，让每一个需要和自己通信的人都获得这个密钥，并且在需要对信息进行加密的时候，直接用这个密钥来执行加密运算。因为这个密钥只能加密信息，不能解密信息，所以这个密钥不仅没有保密的必要，而且最好尽可能公开。另一个密钥用来解密前一个密钥加密的信息，因此这个密钥不需要发给任何人，因此也就没有了交换密钥的过程。这个就像某个人有一把钥匙和一把锁，为了让别人可以给自己发送加密信息，这个人把锁复制了无穷多份，发给每个打交道的人。这样一来，如果有人想要给这个人发送秘密文件，只需要把文件放在一个盒子中，用这个人提供的锁锁上盒子，就可以安全地把信息交到对方手中。

上面介绍的这种用一个密钥加密信息，用另一个密钥解密信息的加密算法，称为非对称加密算法。一个实体可以公之于众，让所有实体用来给自己加密信息的密钥称为这个实体的公钥。而一个实体不在通信媒介中发送，仅仅自己用来对加密信息进行加密的密钥则称为这个实体的私钥。

非对称密钥加密算法如图 4-6 所示。

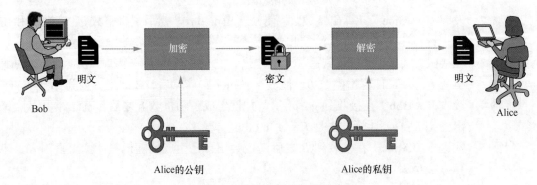

图 4-6 非对称密钥加密算法

典型的非对称加密算法就是前文延伸阅读部分提到的 RSA 算法，这种算法正是以三个人的姓氏首字母命名的，这三个人是 RSA 的发明者 Ronald Rivest、在构思该算法时进行了大量头脑风暴的计算机科学家 Adi Shamir，以及在头脑风暴的过程中提出了大量中肯反对意见的数学家 Leonard Adleman。他们在 Whitfield Diffie 构思的非对称加密算法的基础上通过 RSA 实现了这种设计。

RSA 算法利用了大素数难分解的这种单向函数。所谓的大素数难分解，是说两个很大的素数通过乘法求积非常容易，但是找出这个乘积是通过哪两个素数相乘得到的则很难。读者可以找两个五位数以上的素数计算乘积，然后让其他人（在不查询互联网的情况下）找出这两个数。由于 RSA 的具体设计需要一定的数论背景，这里不再介绍。

另外，虽然 DH 算法明显不够典型，但是它也可以视为一种非对称加密算法。

4.2 数字签名

一种强大的加密算法可以保证攻击者无法在合理的时间内还原通信双方传递的密文，因此加密算法解决了信息传输过程中的机密性问题。不过，正如第 1 章中介绍的那样，信息安全并不是由机密性这一种因素构成的，它还包含其他构成因素。

4.1 节的内容解释了通信双方（Alice 和 Bob）如何通过加密算法来保证信息的机密性，但是这种通信仍然存在隐患。比如，某一天 Alice 收到了一个上锁的文件盒，发件人号称自己是 Bob，希望和 Alice 进行这种秘密通信。问题是，Alice 如何确认发件人的真实身份确实是 Bob，而不是 Eve 伪装的呢？这个问题涉及通信双方如何相互进行身份认证，从而确保通信双方身份的真实性（Authenticity）。

4.2.1 使用非对称加密算法执行数字签名

在 4.1 节的最后曾经提到了非对称加密算法。在非对称加密算法的构想中，任何设备都有一个可以对外公开的密钥（公钥），也有一个不会对外发送的密钥（私钥）。在通信时，通信的发起方会使用目的设备的公钥来加密要发送给目的设备的信息，而目的设备在接收到信息的时候则使用自己的私钥来解密信息。由于私钥不会公开，而公钥无法解密它自己加密的信息，因此这类算法解决了密钥分发的问题。

仔细观察这种非对称加密算法的原理，我们可能会想到，这种加密算法也有可能通过加密和解密的方式来提供通信方真实性的证据，如图 4-7 所示。

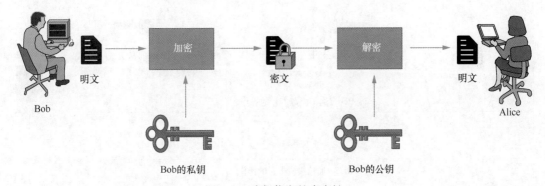

图 4-7　确保信息的真实性

在图 4-7 中，Bob 用自己的私钥对发送给 Alice 的文件进行了加密。由于公钥是可以完全公开的，因此 Alice 拥有 Bob 的公钥。如果 Bob 的公钥可以对使用 Bob 私钥加密的文件进行解密，那么 Alice 就可以确信这份文件确实是由 Bob 发送过来的。这是因为私钥本身是不公开的，所以只有 Bob 本人才有可能（用自己的私钥）加密出能够用他的公钥进行解密的文件。

上面这种逆向使用非对称加密算法（即使用加密方的私钥来加密文件）以便让解密方验证加密方身份的做法，类似于在文件上签署了自己的姓名，称为对文件执行数字签名。

通过数字签名的方式，人们可以通过非对称加密算法来保障真实性和机密性，整个过程如图 4-8 所示。

在图 4-8 中，通信发起方 Bob 首先使用 Alice 的公钥对要发送给 Alice 的明文进行了加密，然后又使用自己的私钥对加密后的密文进行了再次加密，然后通过公共媒介把这份文件发送给了 Alice。Alice 在接收到这份密文之后，用 Bob 的公钥进行了解密。这一步确保了文件发送方身份的真实性，解密成功代表这份密文的来源是可靠的，因为这说明这份文件是使用 Bob 的私钥加密的，只有 Bob 才可能拥有 Bob 的私钥。接下来，Alice 又用自己的私钥对这份密文进行了解密。这一步确保了文件本身的机密性。通信媒介中的任何人都可以使用

Bob 的公钥来解密这份文件，从而验证文件发送方的身份，但只有 Alice 可以把这份文件恢复成明文，因为只有 Alice 拥有自己的私钥，而这份文件是使用 Alice 的公钥加密的，必须用 Alice 的私钥进行解密。

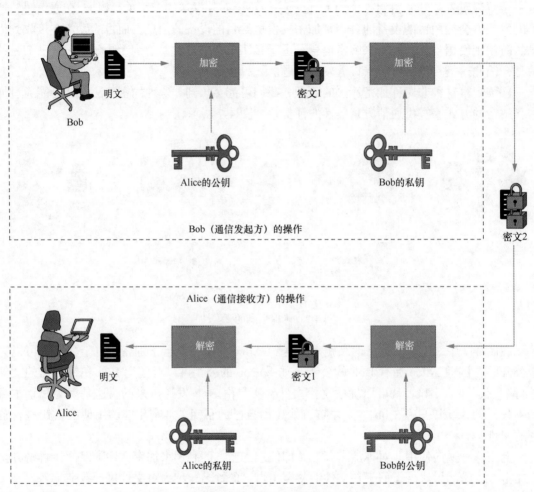

图 4-8　通过非对称加密算法保障真实性和机密性

在实际操作中，图 4-8 所示的这种操作几乎不会发生，人们通常采用一种更加简便的做法。在介绍这种做法之前，我们需要首先介绍一种比较常见的函数。

4.2.2　哈希函数

哈希函数（也称作散列函数）是一种抽样函数，它可以把数字文件计算成为一段（很可能比源文件）小得多的字符串。由于这是一种抽样函数，因此哈希函数具备下列两个特征。

- **不可逆性**：这个字符串无法通过逆运算来还原为原始文件。
- **雪崩效应**：相同的原始文件计算出的哈希值一定是相等的。但如果原始文件发生了哪怕是微乎其微的变化，经过哈希函数计算出来的哈希值都会发生巨大的变化。

使用哈希函数来对比源文件是否相同的过程就像我们对比两本图书是否相同。假设两个人隔着电话对比两本图书，他们不需要逐字逐句逐行地对比两本图书的所有文字和标点，只需要把两本图书都打开几个相同的页数，然后看一看相同页数的第一个字是否相同，就足以判断这两本图书是不是相同的。同时，窃听电话的人却没法通过某一页的第一个字来判断出这两个人在谈论哪本图书，因为这些页数和字数只是一些抽样数据，无法还原为原本的图书。

由于哈希函数具有上述特征，因此人们通常使用哈希值来对比原始数字文件、原始值的异同，这样既可以避免把机密数据在公共媒介上传输，也可以判断两份原始材料是否相同，如图 4-9 所示。

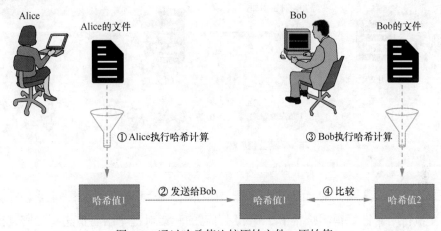

图 4-9 通过哈希值比较原始文件、原始值

在图 4-9 中，Alice 有一份文件，她对这份文件执行了哈希运算，得到哈希值 1 并且发送给了 Bob。Bob 在接收到哈希值 1 之后，对自己对应的文件也执行了哈希运算，并得到哈希值 2。接下来，Bob 通过对比哈希值 1 和哈希值 2 来判断两份文件是否相同。

在预共享密钥环境中，通信双方可以通过上述这种发送哈希值的方式来对比两台设备上配置的预共享密钥是否相同。

第 1 章曾经提到，完整性（Integrity）是信息安全的一大核心原则。哈希函数就经常用来执行文件的完整性校验。通信的发起方把哈希值附带在信息的尾部，经过加密后把信息发送给接收方。接收方在解密之后，对信息执行哈希运算，然后用计算出来的哈希值与接收到的附带在信息尾部的哈希值进行对比，判断这个文件在传输的过程中是否发生了变化，由此来验证信息的完整性。

4.2.3 使用哈希函数和非对称加密法来执行数字签名

在大多数场景中，为了提升通信的效率，使用非对称加密算法来执行数字签名的对象往往是被加密信息的哈希值，而不是完整的被加密信息，这个通信的加密过程如图 4-10 所示。

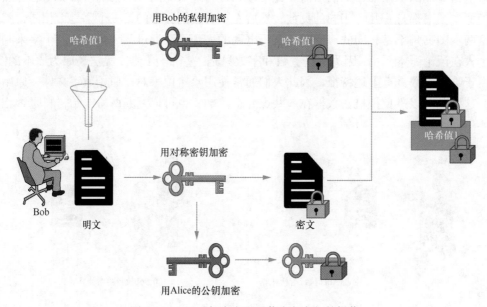

图 4-10　Bob（加密方和通信发起方）的操作

在图 4-10 中，Bob 在发送明文之前，首先使用一个自己和 Alice 的对称密钥加密明文，然后对明文执行哈希计算得到哈希值 1，并用自己的私钥对这个哈希值进行加密，把这个加密值附带在对称密钥加密后的密文中。同时，Bob 用 Alice 的公钥对对称密钥执行加密。最后，Bob 把附带加密哈希值 1 的密文，以及用 Alice 公钥加密的对称密钥一起发送给 Alice。

Alice 在接收到这些信息之后的操作如图 4-11 所示。

Alice 在接收到用自己的公钥加密的对称密钥之后，首先用自己的私钥解密出了对称密钥。这样一来，虽然对称密钥在公共媒介中进行了发送，但是这个过程是绝对安全的，因为只有自己的密钥才能解密对称密钥。接下来，Alice 用解密出来的对称密钥解密出了明文，因为对称密钥的机密性是有保障的，因此使用这个密钥解密的明文也拥有同等可靠的机密性保障。

同时，Alice 用 Bob 的公钥解密出了哈希值 1。于是 Alice 对解密出来的明文运行哈希函数，计算出哈希值 2。如果哈希值 1 和哈希值 2 相同，那么 Alice 就可以确认这个消息确实是由 Bob 发送过来的，否则正确的哈希值不可能通过 Bob 的私钥进行加密，这表示通信发起方的身份是真实的。同时，如果哈希值 1 和哈希值 2 相同，这也确认了这个消息在传输的过程中没有发生变化，信息的完整性也得到了校验。

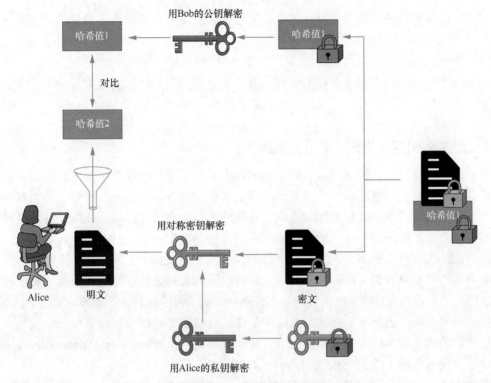

图 4-11　Alice（解密方）的操作

　　综上所述，通过图 4-10 和图 4-11 所示的流程，信息的机密性、完整性和真实性同时得到了保障。另外，相较于非对称加密算法，对称加密算法的速度要快得多。因此这种使用对称加密算法来加密数据，使用非对称加密算法加密密钥的方式，可以兼顾效率与安全。

4.3　证书概述

　　在介绍了 4.2 节的内容之后，有一个问题仍然值得思考：图 4-11 中的 Alice 可以完全信任 Bob 发送给她的明文吗？乍看之下好像可以，但仔细想想又似乎还有空子可钻。

　　在图 4-11 中，Alice 之所以能够确认这份明文是由 Bob 发来的，是因为她用"Bob 公钥"解密出来了一个哈希值，这个哈希值和她自己使用明文计算出来的哈希值相同。问题是，这个她认为是"Bob 公钥"的密钥真的是"Bob"的公钥吗？

　　任何参与通信的一方都可以生成公钥和私钥，并且把公钥发送给有需要的通信方。这也就是说，Eve 同样可以生成一对公钥和私钥，并且把这个公钥作为"Bob 的公钥"发送给其他通信方，然后再以自己的私钥作为"Bob 的私钥"来完成图 4-10 所示的流程。这一切在 Alice 在执行图 4-11 所示的流程时，看上去都是天衣无缝的。

因此，Bob 把自己的公钥公开，用自己的私钥进行加密来证明自己身份的前提，是这个 "Bob" 真的是 Bob，这又像是一个逻辑死循环。换句话说，如果要求通信方自证身份，那就会形成一个永远也没有尽头的信任链。

这么看来，要想确保通信方身份的真实性，就必须给这条证明通信方身份真实性的信任链画上一个句号。

4.3.1 公共密钥基础设施（PKI）概述

在某些国家旅游时，游客经常会被冒充的警察索取护照，一旦护照到手，他们就会非法扣押护照并索取财物。这些自称是警察的歹徒也有自制的警服、警徽、警号，甚至改装出来的警车，普通游客通常都会被迷惑。因此，一般的旅游咨询机构建议，在海外遇到这种当街向游客要求查看护照的警察时，游客应该要求到最近的警察局里出示护照。

从上面的案例可以看出，任何人在身份的真实性上造假都无法规避一种检验方法，就是找到公众周知的基础设施（infrastructure），如警察局或者其他管理部门，从而向真正的权力机关求助。因为诈骗者显然无法伪造出一个警察局，也不可能让其他管理部门来为自己背书。

按照这种逻辑，通信身份的真实性这条信任链，也需要通过基础设施和权力机关画上句号。这样的基础设施和权力机关，称为公共密钥基础设施（Public Key Infrastructure，PKI）和数字证书认证机构（Certificate Authority，CA）。

在 PKI 中，身份认证的核心权力机构是 CA。这就像在市政基础设施中身份认证的核心权力机构是警察局一样。CA 可以为使用公共密钥的用户或者终端实体颁发证书，证明其确实是这个证书的合法持有者。因此，证书的作用相当于身份证或护照。证书中会包含 CA 的数字签名。因为在 PKI 中，CA 是公众周知的，攻击者无法仿造 CA 的数字签名，这就像在市政设施中，警察局的所在位置和电话是周知的，诈骗者无法仿造一样。当然，除此之外，数字证书中也会包含这位用户或者设备的公钥。

> 注释：CA 中的一部分功能，如证书的注册、审批和颁发，是由注册机构（Registration Authority，RA）完成的。RA 可以类比为警察局的户籍管理、出入境管理部门。鉴于 RA 往往包含在 CA 中，本节不作单独介绍。

X.509 是常用的公钥证书格式标准，一份典型的 X.509 v3 证书结构如图 4-12 所示。其中各个字段的含义如下所述。

- **版本号**：X.509 包含多个版本，这个字段的作用就是提供这份证书的 X.509 版本信息。目前，使用最广泛的是 v3 版本。

- **序列号**：这是颁发证书的 CA 为这个证书指定的证书编号，用来表示和区分这份数字证书和其他数字证书。它类似于我们公民身份证上的 "公民身份号码" 部分或者护照首页的 "护照号码/Passport No." 部分。

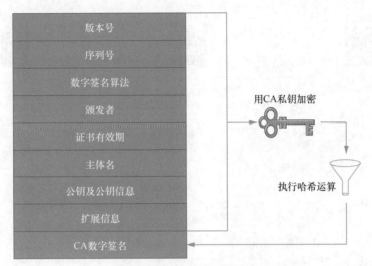

图 4-12　典型的 X.509v3 证书

- **数字签名算法**：这个字段标识 CA 在颁发这个证书时，是用什么算法计算数字签名的。
- **颁发者**：这个字段的作用就是标识这份证书是由谁来颁发的，类似于我们公民身份证上的"签发机关"部分或者护照首页的"颁发机关/Authority"部分。由于 CA 是一台服务器，所以颁发者字段往往就是 CA 的服务器名。
- **证书有效期**：顾名思义，这个字段的作用就是标识这个证书的有效期，类似于我们公民身份证上的"有效期限"部分或者护照首页的"有效期至/Date of expiry"部分。
- **主体名**：这个字段的作用是标识这个证书属于哪一个主题，类似于我们公民身份证上的"姓名"部分或者护照首页的"姓名/Name"部分。
- **公钥及公钥信息**：这个字段包含了证书认证的公钥，以及这个公钥的算法信息。
- **扩展信息**：这个字段是可选项，是 X.509 v3 引入的字段，定义了一些不同的用法，比如指定证书的用途。因此，这个字段（以及证书可选字段）可以类比护照首页后的几页"备注　OBSERVATIONS"。
- **CA 数字签名**：这个字段就是 CA 使用自己的私钥对证书所生成的数字签名，类似于我们公民身份证或者护照中的电子芯片。

4.3.2　获得数字证书的过程

为了让通信对象有能力证实自己身份的真实性，PKI 实体（即用户或设备）就需要向 CA 请求其结构如图 4-12 所示的证书。这个过程往往会使用一种称为简单证书注册协议（Simple Certificate Enrollment Protocol，SCEP）的协议来完成 PKI 实体和 CA 之间的交互，这个过程如图 4-13 所示。

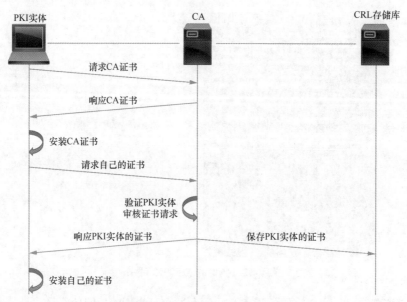

图 4-13　PKI 实体获取证书的过程

　　在图 4-13 中，首先，PKI 实体会向 CA 请求 CA 的证书来验证 CA 的身份。在 CA 接收到对方的请求后，就会用自己的证书进行响应。PKI 实体在接收到 CA 证书时，会安装这个CA 证书。在此过程中，PKI 会对接收到的 CA 证书执行哈希运算，并且把哈希值与配置的CA 服务器证书的哈希值进行比较。如果一致，表示这个 CA 的身份是可靠的。

　　于是，PKI 实体就会向 CA 发送证书注册请求消息，请求消息中会包含自己的相关信息和自己的公钥。在发送之前，PKI 实体会使用 CA 的公钥对证书注册请求消息进行加密，以免信息泄露，同时使用自己的私钥对这个消息执行数字签名，以便让 CA 可以认证自己（也就是这个 PKI 实体）的身份。

　　CA 接收到 PKI 实体的数字证书注册请求消息后，会使用自己的私钥解密这个消息，同时使用 PKI 实体的公钥来验证 PKI 实体的身份。如果验证一致，CA 就会审核随着请求消息发来的其他 PKI 实体信息。如果审核通过，CA 就会颁发证书，然后使用 PKI 实体的公钥进行加密，并且使用自己的私钥完成数字签名，之后把证书发送给 PKI 实体。与此同时，CA也会把证书发送给一个称为 CRL 存储库的服务器。这个存储库类似于警察局的档案室，里面保存了大量的证书。PKI 实体也可以从 CRL（Certificate Revocation List，CRL）存储库中下载证书。

　　总之，PKI 实体在接收到证书后，会使用自己的私钥对证书进行解密，同时使用 CA 的公钥解密 CA 的数字签名，以验证这份数字证书的真实性。

　　在 PKI 实体获得了自己的证书之后，它再需要和其他 PKI 实体进行通信时，就可以将自己（包含自己公钥）的证书发送给对方，让对方确认自己身份的真实性。此时，对方会同时验证自己接收到的这个 PKI 实体证书，以及这个证书颁发者（即 CA）的证书。如果两个证书皆有效，那么对方就会认为这个 PKI 实体身份的真实性是可靠的。

在证书过期或者密钥泄露的情况下，PKI 实体需要更换证书，此时它也可以使用 SCEP 协议完成图 4-13 所示的流程来完成证书的更换。

不过，就像人们有可能会改变自己的姓名、国籍等个人信息和特征一样，PKI 实体、用户的信息和特征也有可能会发生变化。在这种情况下，继续让其他通信方通过证书来验证身份的做法就不合时宜了。另外，如果密钥泄露，那么这个证书也同样很难继续证明 PKI 实体的身份。此时，需要有一种方法来解除证书和身份信息之间的绑定关系。在 PKI 体系中，如果一个证书被撤销，那么 CA 就会发送证书吊销列表 CRL 声明证书已经失效，并且列出失效证书的序列号。通信方在验证证书的有效性时，可以向前面提到的 CRL 存储库来查询证书是否有效。

4.4 小结

本章对一系列与密码有关的概念进行了简单的介绍。4.1 节首先介绍了加密学的起源，通过维吉尼亚密码引出了密钥的概念，并且由此提到了对称加密算法。对称加密算法在密钥分发方面有着天然的脆弱性，本章由此引出了一种避免让密钥在公共媒介中传输的算法，即 DH 算法。该算法通过使用求模这种单向函数，实现了仅在公共媒介中传输密钥材料的目的，避免了密钥分发过程中导致的信息泄露。接下来，又在 DH 算法的基础上引出了非对称加密算法，并且对非对称加密算法的原理进行了说明。

加密算法似乎只是为了提升信息的机密性，但非对称加密算法的另一种用法却有望提升通信方身份的真实性。4.2 节介绍了如何使用非对称加密算法执行数字签名。在此基础之上，本章介绍了一种常用的加密做法，这种方法结合了对称加密算法、非对称加密算法和哈希函数，实现了对信息机密性、完整性和真实性的验证。为了能够说清这种做法中的各个环节，4.2 节也对哈希函数的概念和特点进行了概述。

通信的一方使用自己的私钥加密信息，让接收方使用其公钥解密，这样的做法看上去可以确保信息的机密性，但是在接收方看来，这个公钥的来源仍然有可能是可疑的。这个使用非对称加密算法验证通信方身份真实性的信任链需要一个句号。4.3 节在此基础之上引出了公共密钥基础设施（PKI）和数字证书认证机构（CA）的概念，并且通过与市政基础设施类比的方式介绍了它们的工作原理以及证书的结构。

4.5 习题

1. 关于对信息进行加密的目的，下列说法中正确的是哪项？
   A. 让攻击者难以拦截信息
   B. 让攻击者难以还原信息

    C. 让攻击者难以篡改信息

    D. 让攻击者难以删除信息

2. 维吉尼亚密码在替换法的基础上引入了密钥的概念，是为了避免什么？

    A. 解密方通过频率分析法来解译密码

    B. 解密方通过暴力破解法来解译密码

    C. 解密方通过伪装身份来解译密码

    D. 解密方通过社会工程学来解译密码

3. 下列算法中属于非对称加密算法的是哪项？

    A. DES

    B. AES

    C. RSA

    D. IDEA

4. 下列哪种说法属于对称加密算法的特点？

    A. 可以用来签署数字签名

    B. 加密信息和解密信息使用不同的密钥

    C. 计算密钥时需要借助单向函数

    D. 加密速度比较快

5. 下列关于数字签名的说法，正确的是哪项？

    A. 为了确保数字签名的机密性，数字签名一般是由信息发起者使用私钥来签署的

    B. 为了让对端验证身份的真实性，数字签名一般是由信息发起者使用私钥来签署的

    C. 为了确保数字签名的机密性，数字签名一般是由信息发起者使用公钥来签署的

    D. 为了让对端验证身份的真实性，数字签名一般是由信息发起者使用公钥来签署的

6. 下列关于哈希函数的说法，错误的是哪一项？

    A. 接收方在验证哈希值时，需要把它还原为原始数据

    B. 轻微修改原始数据就会导致哈希值发生巨大的变化

    C. 哈希函数属于一种抽样函数

    D. 哈希函数常用来验证数据的完整性

7. 下列关于数字证书的说法，错误的是哪项？

    A. 数字证书的目的是为了证明 PKI 实体身份的真实性

    B. 数字证书常常是由 CA 签署和颁发的

    C. 数字证书中包含了 CA 用自己的公钥签署的数字签名

    D. 数字证书中包含了这个 PKI 实体自身的公钥

第 5 章

实施虚拟专用网络技术

第 4 章对加密技术进行了简单的介绍。网络设备之间的通信之所以需要进行加密，是为了保障通信数据的机密性。为了实现通信设备之间包括加密在内的各类安全保护措施，设备之间需要通过网络协议对包括认证、加密算法、哈希算法在内的一系列策略进行协商，以便确保通信设备之间采用了可以相互兼容的策略。最终，完成了协商的通信设备便可以按照协商的结果对数据执行相应的哈希和加/解密运算，以及封装、解封装等处理。

虚拟专用网络（Virtual Private Network，VPN）有很多种不同的类型，就连分类方式都林林总总、不一而足，其中很多虚拟专用网络的目标甚至与保护通信的安全无关。不过，这类技术的目的无非是通过双方认可的封装方式，跨越公共网络建立两个网络之间的专用通信。

本章会首先对虚拟专用网络技术进行简单的说明，介绍它的几种不同分类方式及相应的类型。当然，考虑到本书的主旨，我们不会在本章中对那些与保护通信的安全无关的虚拟专用网络技术进行介绍。因此，本章后面的内容会把重点放在 IPSec VPN 的原理及实施 IPSec VPN 的方式上。

5.1 VPN 简介

20 世纪末，互联网勃兴之际，如果一家公司中相距很远的办公机构之间希望建立通信网络，让它们就像处于同一个网络环境中那样，那么这家公司往往需要向运营商租用专线，如图 5-1 所示。

图 5-1 通过租用专线连接两个网络

然而，采用图 5-1 这种方式建立专线通信往往意味着公司需要承担天文数字的开销。于是，如何通过更加经济的方式来达到类似的目的，就成为了一项颇受瞩目的需求。1999 年，思科公司起草的 RFC 2547 "BGP/MPLS VPNs" 成为 IETF 第一次提及 VPN 的 RFC 文档。在此之后，各类 VPN 技术纷纷走上历史舞台。

5.1.1　VPN 的概念

与其说 VPN 是一种技术、一种架构或者一类技术的总称，毋宁说 VPN 是一种方法论：它提供了通过封装的方式来跨越公共网络传输数据的方法。由于这种方法涉及的需求、技术和环境十分多样，因此它形成了一个框架，其中包含很多不同的实现技术和网络架构。为了方便在 5.2 节和 5.3 节对一种具体的 VPN 技术进行详细说明，本节会对 VPN 这个整体概念进行简要介绍。

1. 虚拟

"虚拟"是 VPN 的实现方式。既然是通过封装方式建立逻辑隧道来跨越公共网络传输数据，这就意味着 VPN 不同于租用专线网络所采用的物理连接方式。从理论上说，这表示只要通信双方在协议层面可以互通，它们就可以建立起逻辑的网络，不论通信双方之间跨越的底层物理网络采用了什么样的结构。不过，虽然不需要建立物理专线，但是如果建立通信的节点之间跨越了公共网络，那么在建立 VPN 时仍然需要服务提供商的参与。

2. 专用

"专用"描述了 VPN 的一大核心需求，也就是让跨越公共网络的通信双方获得类似于连接在同一个网络中的通信体验。正如前文所述，VPN 最初的目的就是让同一家公司能够跨越公共网络进行通信。因此，保护通信信息的机密性常常是建立 VPN 的核心目的之一。从这个角度来看，VPN 技术确实应该能够为数据提供加密。但实际情况是，有些 VPN 并不提供加密。鉴于本书的重点是信息安全，因此这类不提供加密的 VPN 技术并不在本书的知识范畴之内。除机密性之外，VPN 也常常会提供各类机制来保障通信数据的完整性和通信双方身份的真实性。

3. 网络

VPN 常常是一条点对点的隧道，但这些 VPN 隧道也可以组成复杂的网络，实现多点之间的资源共享。在实际使用中，VPN 拓扑也包含了点对点连接、星型（hub-and-spoke）连接等不同的网络结构。动态多点 VPN（Dynamic Multipoint VPN，DMVPN）则可以在一系列站点之间按需建立连接，而且这种 VPN 网络在配置和管理方面，也比在大量站点之间建立全互联的点到点连接更加容易。总之，VPN 可以建立一个网络，而不只是一个点对点的连接。

5.1.2 VPN 的分类

正如前文所述，很多不同的技术和协议都被人们用来实现 VPN，同时 VPN 也有很多不同的架构，因此 VPN 也有一些不同的分类方式。比如，根据 VPN 协议所连接的网络在 OSI 模型中的分层，可以将 VPN 分为二层 VPN 和三层 VPN。

此外，根据实现 VPN 的协议进行分类是最常见的做法。目前常见的 VPN 称谓往往属于这种类型。根据实现的协议，VPN 可以分为很多不同的类型，典型的例子如下所述。

- **IPSec VPN**：IPSec 是一个协议族，其中包含了多种用来保护 IP 协议安全性的协议。IPSec VPN 可以为各类安全通信模型提供安全防护。由于 IPSec VPN 会是本章下文的重点内容，所以这里不作过多介绍。
- **SSL VPN**：SSL（Secure Sockets Layer，安全套接字层）这种协议也可以为互联网通信提供机密性和完整性保障。SSL 协议自身包括两个层级，即记录层和传输层，其中记录层负责封装格式，传输层负责安全防护。SSL VPN 主要用来为客户端（浏览器）和一个网络之间的通信提供安全防护。
- **GRE VPN**：GRE 为（Generic Routing Encapsulation，通用路由封装）是思科设计的一种协议，目的是跨越底层网络在两个通信点之间建立一条虚拟隧道，实现路由信息的转发。既然目的是在内部封装路由信息，因此 GRE VPN 本身并不会对信息进行加密。这样一来，GRE 就常常需要通过其他封装来提供额外的保护，IPSec over GRE 就是这样的解决方案。
- **MPLS VPN**：MPLS VPN 也不会对信息进行加密，它是由服务提供商为客户提供的一种服务，可方便地为跨地区的客户网络之间建立高速、可靠的转发服务。

除了按照 VPN 的实现协议来分类，还有一种 VPN 的分类方式非常常见，那就是按照 VPN 的架构进行分类。按照这种分类方式，VPN 至少可以分为以下几类。

- **站点到站点 VPN**：顾名思义，站点到站点 VPN 就是在两个站点之间跨越某个网络建立 VPN。因此站点到站点 VPN 连接的是两个站点中的一台 VPN 端点设备，目的是以这个端点设备作为 VPN 隧道的起点和终点，在两个站点之间建立逻辑信道，在这两个站点之间进行通信。图 5-2 所示为站点到站点 VPN 的示例。IPSec VPN、GRE over IPSec、思科 DMVPN（动态多点 VPN）常常用来建立站点到站点 VPN。当然，除防火墙之外，路由器、三层交换机等设备也可以用来建立站点到站点 VPN。
- **远程接入 VPN**：远程接入 VPN 也称为远程访问 VPN。远程接入 VPN 是指远程用户连接到当地网络，通过使用移动设备进行拨号来与一个网络建立 VPN，从而让这名用户连接到这个网络中，安全地访问网络中的各类资源。出差在外的员工连接企业网络时使用的就是远程接入 VPN。基于客户端的 IPSec VPN 和 SSL VPN 常常用来建立远程访问 VPN。图 5-3 所示为远程访问 VPN 的示例。

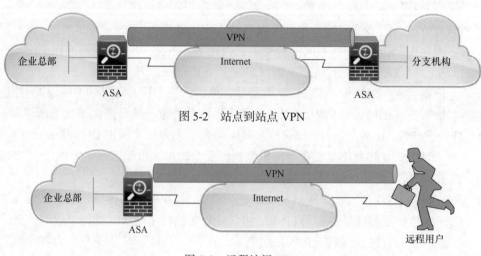

图 5-2　站点到站点 VPN

图 5-3　远程访问 VPN

当然，如果按照其他的分类方式，上述 VPN 有可能产生新的组合。比如，如果按照 VPN 解决方案的实施主体来看，VPN 可以分为企业 VPN 和运营商 VPN。其中站点到站点 VPN 和远程接入 VPN（按照架构分类）都属于企业 VPN，而 MPLS VPN（按照协议分类）则属于运营商 VPN。随着在业内接触的 VPN 架构与技术越来越多，读者会慢慢熟悉各类 VPN。

本节对 VPN 的概念以及 VPN 的分类方式进行了简单介绍。从下一节开始，会把重点放在 IPSec VPN 的介绍上。

5.2　IPSec VPN 组件和操作

大家应该还记得在学习数据包的封装结构时，如果想要对数据包携带的负载进行加密，以确保在穿越不安全网络（比如 Internet）的过程中保护负载的安全性，我们是如何设计这个新的数据包封装的。图 5-4 描绘了在不同层对数据进行加密的示意图，其中涉及 3 种加密封装设计。

- 第一种设计：只对数据负载的部分进行加密。
- 第二种设计：加密传输层头部+数据负载。
- 第三种设计：加密网络层头部+传输层头部+数据负载。

在加密负载之外封装传输层头部：

数据链路层头部	网络层头部	传输层头部	（加密的）负载	数据链路层尾部

在加密负载之外封装网络层头部：

数据链路层头部	网络层头部	（加密的）负载	数据链路层尾部

在加密负载之外封装链路层头部（和尾部）：

数据链路层头部	（加密的）负载	数据链路层尾部

图 5-4 在不同层执行加密封装的可能性

我们来排除一个最不可行的设计：第三种设计。如果把网络层头部也进行加密封装，相当于把收件人地址装在了包裹里面，路途中的中转站（中间设备）如果想要知道这个包裹的目的地址，必须先拆包裹（解密）。也就是说，在不安全网络中的每台中间设备都需要先对数据包进行解密，也就是它们都持有可以进行解密的密钥。这种做法既无必要，也不安全。

既然第三种设计属于加密了过多的信息，那么是否可以使用第一种设计，只对数据负载进行加密呢？它实际上也不是一个可行的办法。要想针对数据负载进行加密，即针对应用层的数据进行加密，需要应用层的进程或系统对加密功能提供支持。这种设计会把加密功能从网络中分离，并要求应用程序来自己提供安全保障。首先，它与网络的目的背道而驰（即尽可能对终端用户隐藏技术细节）；其次，对所有应用程序或系统进行修改也不现实。

最终，还是第二种设计能够满足我们的要求。数据包的始发网关设备会对数据包执行加密并将其发送出去；路径中的中间设备在传输这个加密数据包的过程中，无须解密就可以提取数据包头部的目的 IP 地址信息；当数据包到达目的网关设备时，该设备会对数据包进行解密。终端用户对于这个安全的网络传输过程全无感知，因此这种做法更适合在不安全的网络中创建安全的通信通道。

IP 协议在设计之初并没有过多地考虑到安全性因素，因此人们现在使用另一个标准来提供网络层的安全性，即 IPSec。IPSec 是一个协议套件、一个框架，多个相互关联的协议都被归纳到这个套件中，使用者可以灵活选择不同的协议和参数进行搭配，来实现自己的安全性。在 IPSec 中，可以从以下因素中进行选择。

- **封装协议**：封装安全负载（Encapsulating Security Payload，ESP）和认证头部（Authentication Header，AH）。ESP 提供了数据加密、身份认证和完整性保护。AH 提供了身份认证和完整性保护。需要注意的是，AH 并没有提供数据加密功能。正由于它们之间的这一区别，ESP 是当前在 IPSec 中使用最为广泛的封装协议。
- **封装协议使用的认证算法**：MD5、SHA1、SHA2 等。
- **封装协议使用的加密算法**：在使用 ESP 作为封装协议时，需要选择一种加密算法，其中包括 DES、3DES、AES 等。使用者可以在保证两端参数相同的情况下，根据设备所能支持的参数自行选择加密算法和认证算法。

- **密钥交换**：手动配置、IKE 协议。使用者可以在建立 VPN 的源和目的网络设备上手动配置密钥。这种做法适用于结构相对固定的小规模部署环境。如果考虑到可扩展性的话，则需要使用 IKE 协议来实现动态的密钥交换。下文将会对 IKE 进行详细介绍。

- **密钥交换使用的认证算法和加密算法**：在使用 IKE 实现动态密钥交换的过程中，使用者也可以自主选择使用哪种认证算法和加密算法，具体内容会在下文进行介绍。

- **封装模式**：传输模式、隧道模式。传输模式是指利用 IPSec 封装协议来封装传输层头部+数据负载，并在这些内容之外再封装网络层头部。隧道模式是指利用 IPSec 封装协议来封装网络层头部+传输层头部+数据负载，并在这些内容之外再封装一个新的网络层头部。在后续介绍 IPSec 的操作方式时，我们会对其进行详细介绍。

IPSec 不是一项协议，而是包含了多种元素的框架，使用者可自行选择对多种元素的具体实现办法，这些元素包括封装协议、认证和加密算法、密钥管理方式、封装模式等。使用者可以根据实施规模和需求选择不同的具体实现方法，从而获得灵活的安全通信通道。下文会对 IPSec 框架的具体实现方法进行介绍。

5.2.1　IKE 介绍

在 IPSec 框架中，密钥的交换和管理是通过互联网安全关联和密钥管理协议（Internet Security Association and Key Management Protocol，ISAKMP）来实现的，它也不是一项具体的协议，而是一个框架。ISAKMP 框架建议使用者通过互联网密钥交换（Internet Key Exchange，IKE）协议来实际实现密钥的交换与管理。顾名思义，IKE 旨在在不安全的环境（比如互联网）中实现安全的密钥交换和管理。在简单的环境中，管理员可以在 VPN 隧道两端的设备上手动配置所需的密钥。但这种方法既不具有可扩展性，安全性也不够高。对比手动配置的方法，使用 IKE 无疑是一种更优的方法。

IKE 共有两个版本，管理员可以自行选择使用传统的 IKE（即 IKEv1）或新版 IKE（即 IKEv2）。本书会着重介绍传统的 IKEv1，后文实验也会使用 IKEv1 来实现密钥交换。与安全相关的课程会对 IPSec 框架中的各种技术进行更为详细的讨论，当然也包括 IKE 的两个版本，对 IKEv2 感兴趣的读者可以自行学习安全相关的课程或参考 RFC 7296 文档。

IKE 作为一种负责密钥交换和管理的协议，具有比较复杂的工作流程。读者有必要了解 IKE 的工作流程，只有这样，才能够有条理地配置 IPSec VPN 的各个参数，并且才能够在出现问题时拥有完整的排错思路。鉴于 IKE 的工作流程如此重要且复杂，这里会尽量以简单易懂的形式进行讲述。

假设两台设备要穿越不安全的网络建立 IPSec VPN 隧道，以保护身后的数据流量安全性。

除了要确认对方的身份外，更重要的是如何在这个不安全的网络中安全地协商并交换密钥。IKE 会通过以下两个阶段来实现这一目标。

- **阶段 1**：这是初始阶段，在这个阶段中，建立 IPSec VPN 的通信双方会验证对方的身份，然后会为之后的密钥协商建立一条安全的通信信道。这个阶段有两种模式，一种为主模式（Main Mode），另一种称为野蛮模式（Aggressive Mode）。
- **阶段 2**：这时通信双方已经验证了对方的身份，并且已经建立起一条安全的通信信道，接着它们会在这条信道中安全地协商如何保护后续的数据流量。这个阶段只有一种模式，称为快速模式（Quick Mode）。

阶段 1 的主要目的是建立起一条安全的通信信道，为阶段 2 的通信打好基础。这个阶段有两种实现模式：主模式和野蛮模式。与野蛮模式相比，主模式的协商过程略显复杂，但却对设备的身份信息提供了保护。在使用主模式（思科设备的默认行为）时，两台设备之间一共会发生 6 次消息交互。设备的密钥交换信息和身份认证信息是分离的，这种设计对设备的身份信息提供了保护，在使用野蛮模式时，两台设备之间只会进行 3 次消息交互。设备会把密钥交换和认证相关的参数都组合到一条消息中，这减少了消息的往返次数，但无法提供身份信息的保护。虽然野蛮模式的功能不如主模式丰富，但它对网络环境的要求较低，比如在建立 VPN 隧道时，如果发起方的 IP 地址不固定，就适合使用野蛮模式。

这里只对主模式进行详细介绍，后文实验也会使用主模式来完成阶段 1 的建立。对野蛮模式感兴趣的读者可以自行尝试完成类似实验，并通过抓包的方式理解野蛮模式与主模式的异同。

在使用主模式时，两端设备会进行 3 次消息的交互（每次 1 对）。总体来说，第 1 对消息确定了安全提议，第 2 对消息确定了计算密钥所需的随机数，第 3 对消息认证了对方的身份。接下来详细介绍每一对消息交换的详细信息。

首先，想要建立安全隧道的两端设备需要通过第 1 对消息来协商出它们要在阶段 1 中使用的安全提议（Proposal）。我们可以把它看作一组安全策略，这个安全策略中会包含多个参数，比如认证方式、认证算法、加密算法、DH 组、安全信道在建立后维持的时间等。两端设备上都会有预先配置的一个或多个安全提议，发起方会把自己所支持的安全提议通过第 1 个消息发送给接收方，接收方会用自己本地配置的安全提议与接收到的安全提议进行匹配，并把优先匹配到的提议通过第 2 个消息反馈给发起方。这时第一对消息交换完成，两端设备已经就建立安全通信信道的参数达成一致，图 5-5 所示为这个过程。

在图 5-5 中，R1 把自己所支持（由管理员配置）的安全提议发送给 R2。R2 在接收到这个消息后，发现 R1 消息中的安全提议 2 与自己本地（由管理员配置）的一项安全提议相符，于是通过第 2 个消息向 R1 反馈：自己选择了安全提议 2。

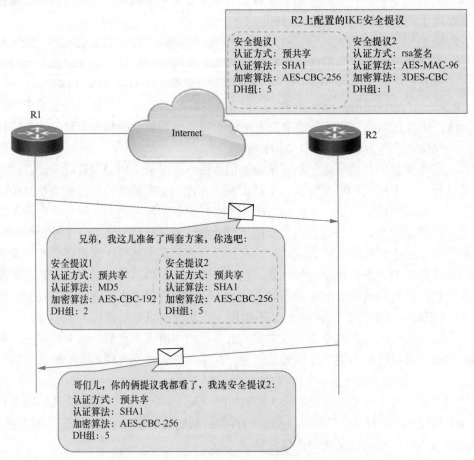

图 5-5 IKE 阶段 1 主模式的第 1 对消息（示意图）

在完成了这对消息的交换之后，通信双方就它们要采用的安全参数达成了一致。接着在第 2 对消息的交换中，双方会向对方发送计算密钥所需的随机数，然后它们会各自通过这些随机数计算出一致的密钥，如图 5-6 所示。

在图 5-6 中，建立安全隧道的两端设备通过交换一些参数，可以自行计算出相同的密钥（也就是图中的 K），而网络中的攻击者即使截获了它们交互的消息，也无法通过这些信息计算出密钥。这个看似神奇的过程背后是有数学原理做支撑的，本书不对此进行深入介绍，对此感兴趣的读者可以继续学习安全方向的课程。

至此，两端设备协商好了建立隧道的参数，掌握了用来加密的密钥，接下来它们会通过第 3 对消息来认证彼此的身份。首先它们会各自计算出一个哈希值，这个哈希值是根据协商出的安全提议、计算出的相同密钥、自己的 IP 地址等参数计算出来的；然后用这个相同的密钥对计算出的哈希值进行加密并发送给对方。接收方会使用密钥对加密的哈希值进行解密，然后把它与自己计算出的哈希值进行对比，如果两者相同，则表示发送方是它所认为的对端设备。

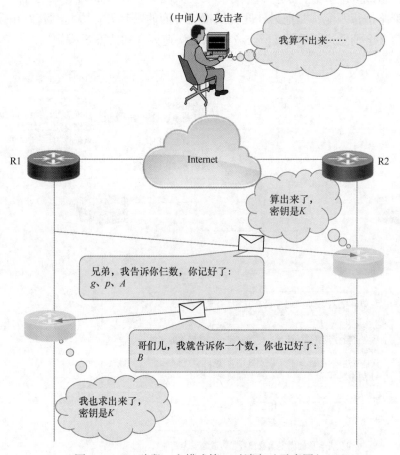

图 5-6　IKE 阶段 1 主模式第 2 对消息（示意图）

在阶段 1 的 3 对消息（总计 6 个）顺利交换完成后，两端设备拥有了密钥，并且认证了对方的身份。这时阶段 1 的连接已建立完成，我们称其为 IKE SA（IKE 安全关联），也称为 ISAKMP SA。阶段 1 的工作结果就是建立 IKE SA。两端设备在此基础上会开始阶段 2 的协商。

阶段 2 中只有一种模式，即快速模式。这个阶段的工作目标是协商出如何对实际的数据流量提供保护，也就是建立 IPSec SA（IPSec 安全关联）。需要注意的一点是，IPSec SA 具有单向性，也就是说一条 IPSec 连接中会有两个 IPSec SA。接下来详细看看 IPSec SA 的协商建立过程。

在阶段 2，通信双方只需要交换 3 个消息就可以完成 IPSec SA 的建立。在第 1 对（第 1、

2 个）消息中，两端设备会对以下参数进行协商：感兴趣流（加密流量）、加密算法、认证算法、封装协议、封装方式、密钥生命周期等。与 IKE 阶段 1 的参数协商类似，发起协商的一方也会提供一组或多组参数，这些参数称为安全策略。接收方根据本地配置的安全策略对接收到的安全策略进行匹配，并把最佳匹配反馈给协商的发起方。协商发起方在接收到响应消息后，会以第 3 个消息进行确认。图 5-7 所示为快速模式的协商过程。

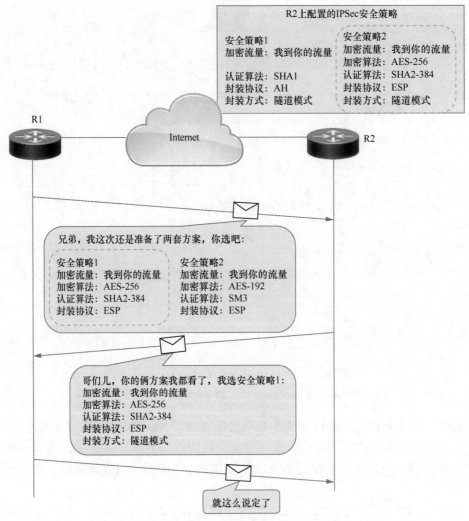

图 5-7　IKE 阶段 2 快速模式协商（示意图）

在图 5-7 中，R1 提出了两个安全策略供 R2 选择。R2 发现安全策略 1 与自己本地的一项安全策略相符，于是通过第 2 个消息对 R1 进行响应，表明自己选择使用 R1 提出的安全策略 1。R1 在收到 R2 的选择后，通过第 3 个消息进行了确认。

至此，IPSec VPN 安全隧道建立完成。我们最后再补充两点有关加密的内容。前文中提到，IKE SA 的建立是为阶段 2 的信息交换做准备，实际上，阶段 2 中交换的 3 个消息都是通过 IKE SA 中协商计算出的密钥进行加密保护的。而阶段 2 中确定的安全策略是用来保护实际的数据流量的。

在对数据流量提供保护时，我们使用的是 IPSec SA。前文提到，IPSec SA 具有单向性，这是因为 IPSec SA 中确定的感兴趣流，也就是需要进行加密保护的数据流，是有方向性的。因此 IPSec 两端路由器会至少建立两个 IPSec SA，以便能够在发送方向上对流量进行加密，在接收方向上对流量进行解密。路由器在每建立起一条 IPSec SA 后，就会把它保存到安全关联数据库（Security Association Database，SAD）中，同时把用于这条 IPSec SA 的安全策略保存到安全策略数据库（Security Policy Database，SPD）中。在发送和接收 IPSec 流量时，路由器都会查找 SAD 和 SPD，并根据相应的参数对数据进行加密和解密。

IKE 两个阶段的工作流程介绍完毕，为了突出重点，我们忽略了一些详细的计算过程和参数。建议读者配合实验来理解这一小节的内容，比如通过 **show** 命令来查看 SA 的状态等，通过抓包来查看数据包的封装等。下文会对 IPSec 的封装方式进行介绍。

5.2.2 IPSec 的操作方式

前文提到，IPSec 框架定义了两种数据封装协议（AH 和 ESP）以及两种封装模式（传输模式和隧道模式）。本小节会从数据包封装的角度对 IPSec 进行介绍，以便读者更直观地理解 IPSec 的操作。

在 IPSec 安全通道的两端设备上分别为入向和出向流量建立了 IPSec SA 后（因为 IPSec SA 具有单向性），它们就会开始按照协商的结果针对感兴趣流进行加密和解密。这里主要会先针对两种封装协议和封装模式进行介绍，然后以示例的形式展示具体的操作。

首先来看看 AH 协议，它的 IP 协议号为 51。图 5-8 所示为 AH 协议定义的头部封装格式。

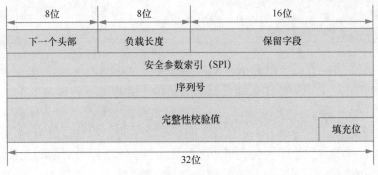

图 5-8 AH 封装格式

AH 只定义了头部封装，没有尾部封装。"下一个头部"字段中会标记 AH 的 IP 协议号

51，其他字段读者可以自行理解，我们只对以下两个字段进行简单解释。

■ 安全参数索引（Security Parameter Index，SPI）：SPI 的作用是唯一地标识一条 SA。在所有 IPSec 封装中，每个数据包都带有 SPI 值，IPSec 通信方在接收到 AH 封装的消息时，会通过 SPI 字段判断出这个消息是通过哪条 SA 发送过来的（即查找与之对应的 SAD 和 SPD），以便通过相应的参数设置对数据包进行下一步处理。

■ 序列号：序列号的作用是标识这个消息在 AH 消息中的位置。AH 可以防止重放攻击，也就是说，当 IPSec 通信方发送出一个 AH 消息时，它都会增加这个序列号字段的值，IPSec 接收方如果发现某个 AH 头部封装的序列号值与自己之前处理过的消息是相同的，就会认为这个消息是重放攻击，于是丢弃这个 IPSec 消息。

接着来看看使用 AH 时的两种封装方式：传输模式和隧道模式。传输模式是把 AH 协议封装在传输层头部之外，然后在此之上再封装网络层头部；隧道模式采用的做法则是把 AH 协议封装在网络层头部之外，然后在此之上再封装另一个网络层头部。图 5-9 所示为 AH 协议的这两种封装模式（以网络层协议为 IPv4 为例）。

AH协议的传输模式封装：

IPv4头部 协议号: 51	AH头部 下一个头部: 6	TCP头部	应用层消息

AH协议的隧道模式封装：

新IPv4头部 协议号: 51	AH头部 下一个头部: 4	原IPv4头部 协议号: 6	TCP头部	应用层消息

图 5-9　隧道模式封装与传输模式封装的对比

注释：在图 5-9 所示的 AH 协议的隧道模式封装中，AH 头部的"下一个头部"字段值为 4，这个值标识的是 IP- in-IP 封装。当设备将一个 IP 头部封装在另一个 IP 头部时，内层 IPv4 头部之外的那一层封装（即本例中 AH 头部封装），会以协议号 0x04 标识自己里面封装的是 IP 协议。关于 IP-in-IP 封装的详细解释与用法，感兴趣的读者可以参阅 RFC 2003。

最后再对 AH 协议进行一点提示：AH 协议无法穿越网络地址转换（Network Address Translation，NAT）。这是因为 AH 头部在校验时，除了会校验其内部封装的信息，还会校验其外层封装的 IPv4 头部、新 IPv4 头部（不包括服务类型、标记、分片偏移、生存时间、校验和字段）。也就是说，当两台 IPSec 设备之间传输数据时，若数据包 IPv4 头部的其他字段（比如源和目的 IP 地址）发生了变化，那么这个数据包就无法通过对端的完整性校验。与 AH 协议相比，ESP 协议只会对其内部封装的信息进行校验，因此在使用 NAT 的环境中，可以选择 ESP 作为数据封装协议。接下来详细看看 ESP 的封装。

ESP 的 IP 协议号是 50。它除了提供完整性、认证和反重放攻击之外，还为封装的数据提供了加密功能，保障了数据的私密性。图 5-10 所示为 ESP 协议定义的头部封装格式。

在图 5-10 中，ESP 的封装同时定义了头部和尾部两个部分，完整性校验的功能是在 ESP 尾部实现的。图 5-11 所示为 ESP 的隧道模式和传输模式的封装模式。

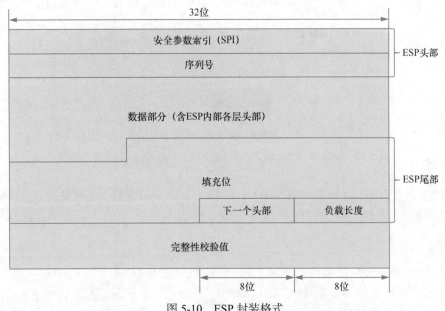

图 5-10　ESP 封装格式

在图 5-11 中，在使用 ESP 协议进行封装时，从 ESP 头部字段（不含）到 ESP 尾部字段（含）的信息都会使用管理员选择的加密协议进行加密。

ESP协议的传输模式封装：

IPv4头部 协议号：50	ESP头部	TCP头部（加密）	数据部分（加密）	ESP尾部 下一个头部：6（加密）	完整性校验

ESP协议的隧道模式封装：

新IPv4头部 协议号：50	ESP头部	原IPv4头部 协议号：6（加密）	TCP头部（加密）	数据部分（加密）	ESP尾部 下一个头部：4（加密）	完整性校验

图 5-11　ESP 协议采用隧道模式封装与传输模式封装应用层消息

那么，IPSec 的发送方设备如何使用 ESP 协议来封装应用层消息，以及 IPSec 的接收方设备如何接进行解封装呢？下面以传输模式为例来说明这个封装的过程。

总体来说，完整的 IPSec 封装过程分为下面几个步骤。

步骤 1 当发送方 IPSec 设备发现自己应该使用 ESP 协议来封装指定流量时，它会为这个流量的数据部分及其 TCP 头部封装 ESP 尾部，并在 ESP 尾部的"下一个头部"字段中指定下一个头部为 TCP 头部，如图 5-12 所示。

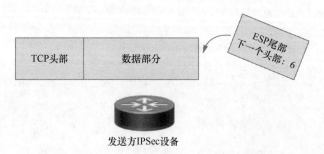

图 5-12　发送方 IPSec 设备在传输层 TCP 数据段后封装 ESP 尾部

步骤 2 发送方 IPSec 设备会在 SAD 中查询与这个 SA 相对应的 SPD 条目，以确定它要使用的加密算法和密钥，并按照这个 SPD 的规定对图 5-12 所示的 3 部分消息进行加密，如图 5-13 所示。

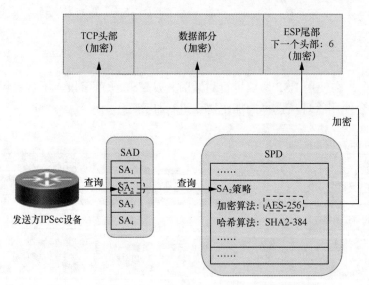

图 5-13　发送方 IPSec 设备对 ESP 消息执行加密操作

步骤 3 加密完成后，发送方 IPSec 设备会为消息添加 ESP 头部，ESP 头部中的 SPI 来自于 SAD 中对应的 SA 条目（每个 SA 条目都有各自的 SPI 值），如图 5-14 所示。

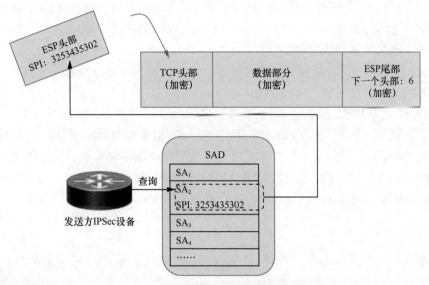

图 5-14 发送方 IPSec 设备封装 ESP 头部

步骤 4 发送方 IPSec 设备会在 SAD 中查询与这个 SA 对应的 SPD 条目,确定要使用的散列算法,然后对图 5-14 所示的 4 部分消息执行哈希计算,得到完整性校验部分,并执行封装,如图 5-15 所示。

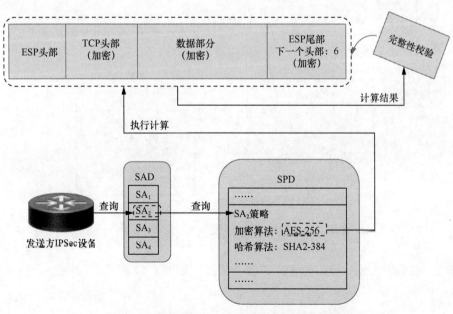

图 5-15 发送方 IPSec 设备封装完整性校验部分

步骤 5　至此 ESP 部分的封装就完成了，发送方 IPSec 设备会继续封装 IPv4 头部。因为 IPv4 头部中封装的协议为 ESP，所以 IPv4 头部协议字段的参数为 50。最终，路由器会封装出图 5-11 上半部分所示的数据包。

当 IPSec 接收方设备在接收到这个流量时，它的解封装过程与封装过程相反。这个流程分为下面几个步骤。

步骤 1　接收方 IPSec 设备会根据 IPv4 头部协议字段的值，判断出这个 IPv4 头部中封装的是 ESP 协议。于是，它会根据 ESP 头部封装的 SPI 值来查询 SAD 中这个 SA 对应的 SPD 条目，以此来确定发送方设备用来计算完整性校验时使用的哈希算法，并使用相同的哈希算法对这个 ESP 消息执行计算，将计算结果与封装在消息最后的完整性校验部分进行比较，如果通过完整性校验，则将完整性校验部分进行解封装，如图 5-16 所示。

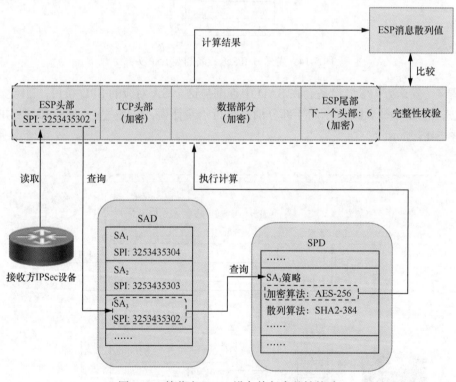

图 5-16　接收方 IPSec 设备执行完整性校验

步骤 2　接收方 IPSec 设备会解封装 ESP 头部，如图 5-17 所示。

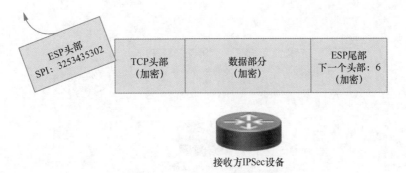

图 5-17 接收方 IPSec 设备解封装 ESP 头部

步骤 3 接收方 IPSec 设备会查询 SAD 中这个 SA 对应的 SPD 条目，以便确定发送方 IPSec 设备用来加密这个消息的加密算法和密钥，并使用相同的加密算法和密钥对图 5-17 所示的 3 个加密部分消息执行解密，如图 5-18 所示。

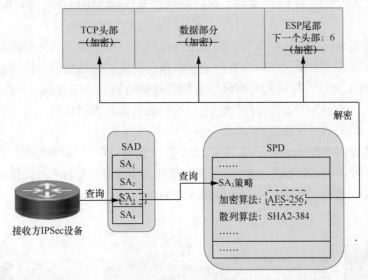

图 5-18 接收方 IPSec 设备对 ESP 消息执行解密操作

步骤 4 接收方 IPSec 设备会根据解密后的 ESP 尾部中所封装的下一个头部消息，判断出 ESP 协议中封装的下一个头部为 TCP 头部，并对这个 ESP 尾部执行解封装，如图 5-19 所示。

至此，一个 ESP 封装的传输模式的 IPSec 消息就被解封装为一个普通的 TCP 数据段。需要说明的是，这里展示的流程只是实际操作流程的简化版本，旨在帮助读者理解 IPSec 封装与解封装的流程。

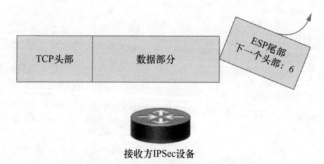

图 5-19   接收方 IPSec 设备对 ESP 尾部执行解封装

在选择封装模式时，我们可能需要考虑与实际网络环境相关的一些因素。无论使用哪种封装模式，对于传输路径中的中间设备来说，它们都需要按照最外侧的网络层头部信息来执行数据包转发。也就是说，如果在不安全的 Internet 上建立 IPSec 隧道，封装在 IPSec 头部（AH 头部或 ESP 头部）外面的网络层头部中的 IP 地址必须是公网可路由地址。

对于传输模式来说，封装在 IPSec 头部之外的网络层头部就是这个数据包唯一的网络层头部。而对于隧道模式来说，中间设备不关心数据包内层的（原始的）网络层头部信息，它们只会根据 IPSec 发送方封装的新网络层头部信息执行转发；在接收方 IPSec 设备接收到 IPSec 数据包后，它会根据内层的（原始的）IP 层头部信息来查找路由表，并将解封装后的原始数据包发送到正确的目的地。

因此，在选择封装模式时，如果 IPSec SA 直接建立在应用层数据的发送方和接收方之间，就可以使用传输模式，如图 5-20 所示。如果建立 IPSec SA 的两台设备分别是两个站点的网关路由器或防火墙，就需要使用隧道模式，如图 5-21 所示。

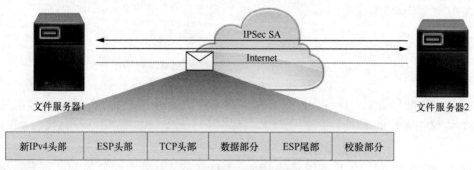

图 5-20   传输模式封装的常见使用场景

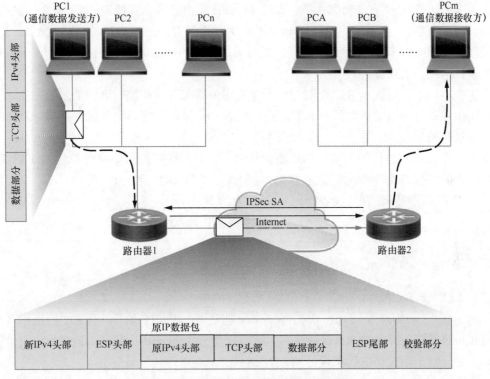

图 5-21　隧道模式封装的常见使用场景

本节使用大量示意图描述了 IPSec 定义的两种封装协议和封装模式，并以采用传输模式的 ESP 封装为例，展示了 IPSec 通信过程中的封装和解封装过程。

5.3　传统命令行实施站点间 IPSec VPN

5.2 节对 IPSec VPN 中涉及的大量框架、协议、算法、概念和流程进行了介绍。本节会利用一个最简单的站点到站点 IPSec VPN 示例来介绍 IPSec VPN 的配置方法，以及配置站点到站点 IPSec VPN 时会使用到的命令。

图 5-22 所示为这个简单示例的拓扑。

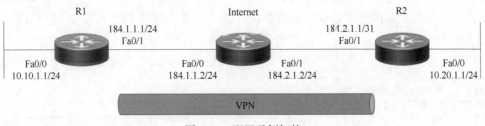

图 5-22　配置示例拓扑

在图 5-22 中，一共有 3 台路由器。其中 Internet 路由器模拟互联网，R1 和 R2 需要跨越 Internet 建立站点到站点 VPN，因此 Internet 路由器上没有任何与 VPN 相关的配置。R1 和 R2 通过各自的 Fa0/1 接口连接到互联网，同时通过各自的 Fa0/0 接口连接了一个（分别以它们作为默认网关的）局域网。

在这个示例中，只演示 R1 和 R2 上与 VPN 相关的配置。在执行下面的配置之前，需要对 3 台路由器进行初始的接口配置和静态路由配置，确保各个网络之间能够互通。基础配置在这里不进行赘述。

在 3 台路由器所连接的网络可以互通的基础上，我们需要按照如图 5-22 在 R1 的 Fa0/1 和 R2 的 Fa0/1 之间建立 VPN 隧道。首先，在 R1 上配置 IKE 阶段 1。简单起见，这里使用预定义密钥来认证对端，并且设置密码 cisco，如例 5-1 所示。

例 5-1　在 R1 上配置 IKE 阶段 1

```
crypto isakmp policy 10
 authentication pre-share

crypto isakmp key tianguo address 184.2.1.1
```

在例 5-1 中，使用命令 **crypto isakmp policy** 创建了一个 IKE 阶段 1 策略，使用预共享密钥（authentication pre-share）来认证对端，然后使用命令 **crypto isakmp key** 把密钥设置为 tianguo，并且指定用这个密钥来认证地址为 184.2.1.1 的对等体设备。

注释：用管理员姓名的汉语拼音小写字母作为密码不是推荐的密码设计方式，这里只是为了便于读者理解。在实际项目中，应该使用更加复杂的密码，并且定义密码更换周期。

当然，在 **crypto isakamp policy** 命令中，还可以使用关键字 **encryption** 把加密算法设置为 DES、3DES（默认为 DES），可以使用关键字 **group** 来指定 DH 组标识符（group 1 表示 768 位，group 2 表示 1024 位；默认为 group 1），可以使用关键字 **hash** 指定哈希算法为 MD5、SHA（默认为 SHA）等。

接下来，在 R1 上定义感兴趣流，如例 5-2 所示。

例 5-2　在 R1 上定义感兴趣流

```
access-list 100 permit ip 10.10.1.0 0.0.0.255 10.20.1.0 0.0.0.255
```

在例 5-2 中，通过一个编号的扩展访问控制列表（access-list 100），把从网络 10.10.1.0/24 去往网络 10.20.1.0/24 的流量定义为感兴趣流。随后，会在配置 IKE 阶段 2 时调用这个编号为 110 的访问控制列表，让 R1 对这类流量执行加密。

接下来，需要定义一个转换集，用于指定 IKE 阶段 2 中的各类安全策略，如例 5-3 所示。

例 5-3　在 R1 上配置转换集

```
crypto ipsec transform-set IPSEC esp-des esp-sha-hmac
```

在例 5-3 中，使用命令 **crypto ipsec transform-set** 定义了一个名为 IPSEC 的转换集，并把策略指定为 esp-des 和 esp-sha-hmac，即使用 ESP 协议执行封装，同时加密算法使用 DES，而认证算法使用 SHA-HMAC。

在完成 ACL 和转换集的准备工作之后，就可以配置 IKE 阶段 2 了，如例 5-4 所示。

例 5-4　在 R1 上配置 IKE 阶段 2

```
crypto map R1R2 ipsec-isakmp
 oct peer 184.2.1.1
 set transform-set IPSEC
 match address 100
```

在例 5-4 中，使用命令 **crypto map** 定义了一个名为 YESLAB 的策略。在这个策略中，使用命令 **set transform-set** 调用了例 5-3 中定义的转换集，并且使用命令 **match address** 调用了例 5-2 中定义的感兴趣流。同时，也在策略中使用命令 **set peer** 指定了这个策略要应用于与哪个对等体建立 IPSec SA 的过程中。

最后一步，只需要在建立 VPN 隧道的接口上调用这个策略，如例 5-5 所示。

例 5-5　在 R1 的 Fa0/1 上调用 crypto map 策略

```
interface FastEthernet0/1
crypto map R1R2
```

在完成上述配置之后，接下来需要在 R2 上完成对应的配置，如例 5-6 所示。

例 5-6　R2 上的对应配置

```
crypto isakmp policy 10
 authentication pre-share

crypto isakmp key cisco address 184.1.1.1

crypto ipsec transform-set IPSEC esp-des esp-sha-hmac

crypto map R2R1 ipsec-isakmp
 set peer 184.1.1.1
 set transform-set IPSEC
 match address 100

access-list 100 permit ip 10.20.1.0 0.0.0.255 10.10.1.0 0.0.0.255
```

在完成上述配置之后，可以使用命令 **show crypto isakmp sa** 来验证 IKE 阶段 1 中 SA 的建立情况，也可以使用命令 **show crypto Ipsec sa** 来查看 IKE 阶段 2 中 SA 的建立情况。

这里必须强调的是，IPSec 是一个相对比较复杂的协议框架，实施 IPSec VPN 的架构、模型有很多，同样环境中的实施方法也有很多种，本节提供的仅仅是最简单的解决方案。这种解决方案在有大量站点需要两两建立 IPSec VPN 的环境中，管理和实施难度都会增加。在实际工作中，如果遇到站点数量多、隧道端点设备来自不同厂商、环境中涉及其他协议和进程（如 NAT）等情况，在实施 IPSec VPN 时则会变得非常复杂，实施人员需要在项目实施之前去各个设备厂商的官方网站去寻找对应的指南。

5.4 小结

本章首先介绍了 VPN 的概念和几种分类方式，还按照各种分类方式分别介绍了几种常见的 VPN。

在 5.2 节中，本章则把重点放在了 IPSec VPN 上。本节首先对所有与 IPSec VPN 有关的原理、协议和方法进行了介绍，其中包括 IKE 及其两个阶段的任务、ESP 和 AH 两种封装协议，并且介绍了网络设备对数据包执行相应封装、解封装的流程。5.3 节则通过一个非常简单的环境，演示了站点到站点 IPSec VPN 的配置，并且介绍了在思科 IOS 操作系统中，isakmp policy、转换集、crypto map 等实施策略与 IPSec VPN 理论之间的对应关系。

5.5 习题

1. 下列关于 VPN 的说法，正确的是哪项？
   A. VPN 是指一类通过公共网络，在两个私有网络之间建立专用通信的方式
   B. VPN 是指一种为两个私有网络之间穿越不可信网络的数据执行加密的算法
   C. VPN 是指一项借助加密算法来保护私有网络之间数据私密性的协议
   D. VPN 是指一系列用来突破网络安全性防护并提供私密信息浏览的应用

2. 下列类型的 VPN 中，不属于根据协议、协议框架进行分类的是哪项？
   A. MPLS VPN
   B. SSL VPN
   C. DMVPN
   D. IPSec VPN

3. 下列类型的 VPN 中，旨在为通信双方提供安全性防护的 VPN 是哪项？
   A. MPLS VPN
   B. GRE VPN
   C. L2TP VPN
   D. IPSec VPN

4. 下列关于 ESP 和 AH 的说法，正确的是哪项？
   A. 前者提供完整性校验，后者不提供
   B. 前者提供加密，后者不提供
   C. 前者提供源设备认证，后者不提供

D. 前者基于 TCP，后者基于 UDP

5. 下列模式中属于 IKEv1 阶段 2 的是哪项？

   A. 主模式

   B. 快速模式

   C. 主动模式

   D. 普通模式

6. IPSec VPN 的传输模式和隧道模式之间的差异体现在哪里？

   A. 封装

   B. 协议

   C. 认证

   D. 加密

第 6 章

实施自适应安全设备

本章的重点是防火墙。

防火墙是各类网络中最基本的安全功能，它的核心作用是根据一定的规则，判断哪些流量可以出入自己连接的网络，然后过滤掉其他的流量。这类功能可以通过终端系统的操作系统、网络基础设施的操作系统来实现，也可以通过专用的硬件防火墙来提供。

其实，关于防火墙的话题，本书曾经在 2.1 节简略提及。不过，第 2 章仅仅提到了在终端系统中，操作系统提供的防火墙功能。本章会从历史的角度介绍防火墙的发展演化。更重要的是，不仅会对各类网络基础设施（如路由器和三层交换机）提供的典型防火墙功能进行介绍（这些典型的防火墙功能包括访问控制列表、基于上下文的访问控制和基于区域的防火墙），而且也会介绍思科硬件防火墙的发展，同时介绍思科下一代硬件防火墙的图形化界面管理，包括如何使用思科 FDM 配置 IPSec VPN。

6.1 访问控制列表

各类三层以上的设备都支持部署某种形式的访问控制列表（ALL），包括路由器、三层交换机、防火墙等。顾名思义，访问控制列表是为了对访问实施控制，让管理员有选择地筛选出入这台设备的流量。当然，在各类思科网络设备上，使用 ACL 来筛选流量有时并不是为了放行或者拒绝某种类型的流量，而是为了定义某种流量，以备其他策略进行调用。关于这一点，本书在刚刚结束的第 5 章中，已经通过诸如定义感兴趣流等操作进行过演示，如有遗忘，可以浏览例 5-2 来复习使用 ACL 定义感兴趣流的内容。

6.1.1 ACL 的工作原理

"访问控制列表"这个名称除了可以揭示出它的目的是执行访问控制之外，也可以看出它是一个列表，这个列表中有可能包含了一条或者很多条访问控制规则。在 IOS 系统中，每一条访问控制规则需要通过一个访问控制条目（Access Control Entry，ACE）来进行定义。那么，一个包含了多个 ACE 的 ACL 是如何工作的呢？

图 6-1 所示为设备使用 ACL 来匹配数据包的流程。

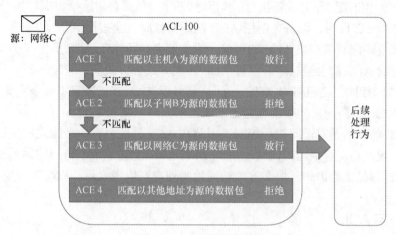

图 6-1 ACL 的放行操作

在图 6-1 中，一个数据包到达某台设备上配置的 ACL，这个 ACL 中包含 4 个 ACE，分别用来匹配来自主机 A、子网 B、网络 C 和其他地址的数据包。这 4 个 ACE 对应的操作分别为允许、拒绝、允许、拒绝。当设备使用这个 ACL 来匹配这个数据包时，它会按照 ACE 的顺序从上到下执行匹配。由于这个数据包既不是来自主机 A，也不是来自子网 B，因此它不匹配 ACE 1 和 ACE 2。在使用 ACE 3 对这个数据包执行匹配时，这台设备发现这个 ACE 与数据包产生匹配，于是设备执行了"允许"操作，然后再对这个数据包执行后面的流程。

同样，图 6-2 展示了这台设备使用相同的 ACL 来匹配一个来自子网 B 的数据包时，会发生的情况。

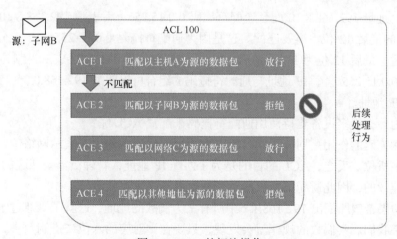

图 6-2 ACL 的拒绝操作

在图 6-2 中，设备同样按照 ACE 的顺序从上到下执行匹配。因为这个数据包并不是来自主机 A，所以它不匹配 ACE 1。在使用 ACE 2 对这个数据包执行匹配时，这台设备发现这个

ACE 与数据包产生匹配，于是设备执行了"拒绝"操作，然后再对这个数据包执行后面的流程。

图 6-1 和图 6-2 说明，设备在使用 ACL 匹配流量时，会按照 ACE 的顺序自上而下地匹配流量。在流量匹配到某一条 ACE 的时候，设备就会执行这条 ACE 所定义的操作。一旦发生匹配，之后的 ACE 都会被忽略。这种 ACL 匹配方式告诉我们，管理员不应该把更具体的ACE 排列在范围相同但更粗略的 ACE 下面，因为这种排列方式决定了那条更具体的 ACE 永远不会产生匹配——匹配它的数据包会提前匹配前面那条更粗略的 ACE。

由于 ACL 的目的是对访问执行控制，因此在 ACL 最后会有一条隐式的拒绝语句，其目的是拒绝不匹配此前所有语句的流量。也就是说，如果配置了一个访问控制列表，其中包含的每一条 ACE 都是拒绝语句，那么这个访问控制列表在应用之后，就会拒绝所有流量。

6.1.2 掩码与 ACL

在实施 ACL 时，常常需要使用掩码来指定要匹配的一系列 IP 地址。不过，在配置 ACL 时，有可能会使用一种与配置接口 IP 地址时不同的掩码，这种掩码称为通配符掩码（wild mask）。在网络技术人员的日常用语中，有时为了方便，将其简称为反掩码。

通配符掩码也和掩码一样可以使用点分十进制和二进制来表示。不过，在使用二进制时，通配符掩码中的 0 表示必须与 IP 地址中对应的位相匹配，而 1 表示无须与 IP 地址中对应的位相匹配。因此，从这个角度来看，通配符掩码和子网掩码的表意基本相反，这也就是网络技术从业人员将通配符掩码简称为反掩码的原因。

> **注释：** 本书不会对二进制的概念，以及二进制和十进制相互转化的方法进行介绍，因为这应该是读者在阅读本书之前应该具备的基础知识。

比如，IP 地址 192.168.8.10 配合通配符掩码 0.0.15.255，就表示 192.168.8.10 这个点分十进制 IP 地址的最后 12 位不需要匹配。这是因为通配符掩码 0.0.15.255 这个点分十进制转换为二进制之后，最后 12 位为 1，即最后 12 位无须匹配。鉴于 8 转换成二进制为 1000，因此 192.168.8.10/0.0.15.255 这个 IP 地址与通配符掩码的组合可以匹配 192.168.0.0～192.168.15.255 在内的所有 IP 地址。

那么，为什么很多设备支持使用通配符掩码来配置 ACL 呢？

因为子网掩码的作用是划分子网，所以必须用前面连续的 1 来表示网络位，用后面连续的 0 来表示主机位。反之，ACL 的目的是为了匹配 IP 地址，管理员需要匹配的 IP 地址很有可能并不是连续的，因此通配符掩码的 1 和 0 也并不强求连续。

比如，如果希望匹配出 192.168.1.x 中所有 x 为偶数的地址，这就很难通过子网掩码来表示。但是如果我们观察偶数的规律就会发现，只要在 x 对应的八位二进制数中，最后一位二进制数为 0，那么 x 一定为偶数。于是，就可以写出下列一组 IP 地址与通配符掩码的组合，来统一匹配所有 x 为偶数的 IP 地址 192.168.1.x：

192.168.1.0/0.0.0.254

通配符掩码 0.0.0.254 是由前导的 24 个 0、之后的 7 个 1 和最后的 1 个 0 组成的。这种 0 和 1 交替多次出现的用法，是不会出现在子网掩码中的。

当然，使用通配符掩码也常常无法用一组地址和通配符掩码的组合对多个 IP 地址做到精确匹配。下面用 192.168.1.2 和 192.168.1.4 这两个地址为例来解释这种情况。

对于 192.168.1.2 和 192.168.1.4 这两个地址来说，它们的前 29 位都相同，最后 1 位也相同，但它们的第 30 位和第 31 位分别为 01 和 10。在这种情况下，按照反掩码的原则，应该把前 29 位和最后 1 位设置为 0，而把第 30 和 31 位设置为 1。由此构成的地址和通配符掩码的组合如下：

192.168.1.0/0.0.0.6

然而，上述组合并不能精确匹配 192.168.1.2 和 192.168.1.4 这两个地址，尽管 192.168.1.0 和 192.168.1.6 也可以匹配上述地址和通配符掩码的组合。出现这种情况的原因在于，192.168.1.2 和 192.168.1.4 这两个地址有两位是不同的，而两位掩码会匹配 2^2=4 个地址。

这里有一点值得特别说明：前文提到在配置 ACL 时，人们有可能使用通配符掩码。实际上在思科 IOS 系统中，凡需要在配置 ACL 时使用掩码之处，均应该使用通配符掩码。但是，在思科自适应安全设备（ASA）的 CLI 系统中，ACL 则需要使用普通的掩码进行配置。在管理不同的设备时，如果使用 CLI 进行管理，读者应该擅用命令行界面提供的提问工具（?）来查看需要配置的参数。

6.1.3 ACL 的方向

访问控制列表是一个工具，创建一个访问控制列表只是在设备的运行配置中生成了这个工具，要想让这个工具发挥作用，还需要指定如何应用运行配置中生成的访问控制列表。比如，如果希望使用这个访问控制列表对出入于这台设备的流量执行过滤，那就需要在设备全局、设备的某个或者某些接口上应用这个 ACL。此时，可能需要指定要把这个 ACL 应用在接口的出站方向还是入站方向上。

如果把 ACL 应用在一个接口的入站方向上，那么当路由器在这个接口接收到数据包时，就会使用这个 ACL 进行匹配：

- 如果接口接收到的流量匹配了 ACL 中的放行语句，那么路由器就会允许流量进入，并且把流量交给路由转发进程进行处理，然后再通过查找路由转发表项，把数据交给出站接口；
- 如果接口接收到的流量匹配了 ACL 中的拒绝语句，或者不匹配任何 ACL 语句，那么路由器就会丢弃数据包。

当在路由器接口的入站方向上应用了（一个包含 $N+1$ 条语句的）ACL 之后，如果路由器在这个接口上接收到了数据包流量，它的处理流程如图 6-3 所示。

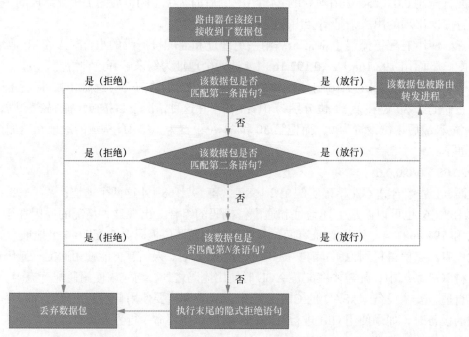

图 6-3 路由器在应用了入站 ACL 的接口上接收到数据包时的处理流程

如果把 ACL 应用在一个接口的出站方向上,那么当路由器经过路由转发进程发现自己需要通过这个接口向外发送数据包时,就会使用这个 ACL 进行匹配:

- 如果接口要发送的流量匹配了 ACL 中的放行语句,那么路由器就会通过这个接口把流量发送出去;
- 如果接口要发送的流量匹配了 ACL 中的拒绝语句,或者不匹配任何 ACL 语句,那么路由器就会丢弃数据包。

当在路由器接口的出站方向上应用了(一个包含 N+1 条语句的)ACL 之后,如果路由器经过路由转发进程发现自己需要通过这个接口对外发送数据包时,它的处理流程如图 6-4 所示。

根据上面的叙述可知,一个路由器的一个接口可以应用两个 ACL:一个应用在入站方向,用来过滤路由器通过这个接口接收到的流量;另一个应用在出站方向,用来过滤路由器通过这个接口对外发送的流量。同样,当一个数据包穿越一台路由器进行转发时,它也可能在其出入这台路由器的接口上,分别和两个 ACL 进行匹配:在进入这台路由器的接口上匹配这个接口的入站 ACL;在出站这台路由器的接口上匹配那个接口的出站 ACL。图 6-5 对上述流程进行了说明。

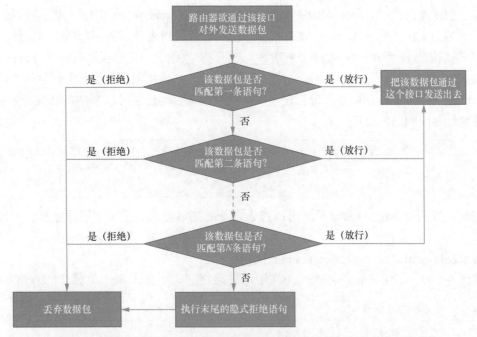

图 6-4　路由器希望通过应用了出站 ACL 的接口发送数据包时的处理流程

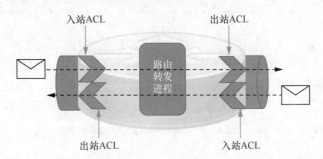

图 6-5　一个数据包在被应用了 ACL 的路由器转发时可能需要执行的匹配

6.1.4　ACL 的类型

ACL 有很多分类方式，也分为很多不同的类型。限于篇幅，本书在这里不打算一一穷举，但准备就其中一些基本且重要的 ACL 进行介绍。

1. 标准 ACL

标准 ACL 是最基本的一种 ACL 类型，它只能根据数据包的源 IP 地址来匹配流量，决定应该对流量进行放行还是拒绝。在思科 IOS 系统的全局配置模式下配置标准 ACL 的其中一种命令语法为：

access-list *access-list-number* {**deny** | **permit**} *source* [*source-wildcard*] [**log**]

在上面这条命令中，**access-list** 是关键字，*access-list-number* 的作用是设置这个访问控制列表的编号，因为在系统中，每个 ACL 都必须使用唯一的列表名或数字（编号）进行标识（标准 ACL 的取值范围为 0～99 和 1300～1999）。接下来，需要使用关键字 **deny** 或 **permit** 来指定这个 ACL 对应的动作是拒绝还是放行。由于标准 ACL 只能根据数据包的源地址来匹配流量，所以接下来需要在 *source* 部分指定要匹配的源地址，而且还可以根据自己的需要来设置这个源地址对应的通配符掩码。

> 注释：如果使用命令中可选的关键字 **log**，那么设备会把和这条（使用了关键字 **log** 的）ACL 相匹配的数据包用日志的形式发送给控制台或者日志服务器，日志中包含这个 ACL 的编号、数据包是被放行还是被拒绝、数据包的源地址和数量等信息。

在定义好一个标准 ACL 之后，可以进入设备的接口模式，使用下述命令来应用定义好的 ACL：

ip access-group *access-list-number* {**in** | **out**}

在例 6-1 中，创建了一个 ACL（ACL 1），并且把它应用在了 Serial0 接口的入站方向上。

例 6-1　创建和应用标准 ACL

```
Router(config)# access-list 1 permit 10.1.1.0 0.0.0.255
Router(config)# interface Serial0
Router(config-if)# ip access-group 1 in
```

2. 扩展 ACL

相较于标准 ACL，扩展 ACL 可以根据更多的参数来匹配流量。比如，除源地址之外，也可以根据目的地址、协议、端口等参数来匹配流量，因此扩展 ACL 可以实现更加精确的匹配。在思科 IOS 系统的全局配置模式下配置扩展 ACL 的一种命令语法为：

access-list *access-list-number* {**deny** | **permit**} *protocol source source-wildcard destination destination-wildcard*

> 注释：为了突出重点，上述命令没有显示出扩展 ACL 可以配置的可选关键字（如前文介绍的 **log** 关键字也可以用于扩展 ACL，但这里没有进行介绍）。实际上，包含所有重点关键字的扩展 ACL 的命令语法比较庞大，读者可以在操作时借助设备命令行界面提供的提问工具（？）来进一步了解这些参数。

如扩展 ACL 的配置命令所示，在配置扩展 ACL 时，需要指定的信息除 ACL 编号（扩展访问列表的编号范围为 100～199 和 2000～2699）、这个 ACL 对应的动作和匹配的源地址（和通配符掩码）之外，还必须设置这个 ACL 要匹配的协议、目的地址和通配符掩码。

本书前文曾经展示了如下的扩展 ACL：

access-list 100 permit ip 10.20.1.0 0.0.0.255 10.10.1.0 0.0.0.255

根据扩展 ACL 的命令语法可知，这条命令创建了一个编号为 100 的扩展 ACL，它的目的是匹配从网络 10.20.1.0/24 去往网络 10.1.1.0/24 的 IP 流量。

这里有一点应该专门指出：如果使用标准 ACL，由于它只能根据源 IP 地址来过滤流量，因此要把它应用在尽可能接近目的地的接口上，以免过滤掉这个源地址发往其他目的设备的流量；如果使用扩展 ACL，那么就应该在尽可能贴近源的位置应用 ACL，这样可以避免这些迟早都要被过滤的流量在经过设备时占用设备上的其他资源。

3. 命名 ACL

前文提到，每个 ACL 都必须使用唯一的列表名或数字进行标识。因此，标准 ACL 和扩展 ACL 都可以使用名称来替代数字进行标识。实际上，从便于维护网络的角度出发，也更推荐使用命名的方式来创建 ACL。在全局配置模式下，命名 ACL 是另一种创建标准 ACL 和扩展 ACL 的方式，这种方式的命令语法为：

ip access-list {**standard** | **extended**} *access-list-name*

在输入这条命令之后，系统就会进入标准 ACL/扩展 ACL 配置模式，此时可以通过下面的语句来创建标准 ACL 的匹配条目：

{**deny** | **permit**} *source* [*source-wildcard*]

或者使用下面的语句来创建扩展 ACL 的匹配条目：

{**deny** | **permit**} *protocol source source-wildcard destination destination-wildcard*

例 6-2 所示为一个配置命名扩展 ACL 的示例。

例 6-2　创建命名的扩展 ACL

```
Router(config)#ip access-list extended test
Router(config-ext-nacl)#permit ip 192.168.1.0 0.0.0.255 host 1.1.1.1
```

在例 6-2 中，使用命令 **ip access-list extended** 创建了一个名为 test 的扩展 ACL，并且进入到了命令提示符为(config-ext-nacl)#的扩展 ACL 配置模式下。在这个配置模式下，输入了 **permit ip 192.168.1.0 0.0.0.255 host 1.1.1.1** 命令，这条命令的目的是放行所有从网络 192.168.1.0/24 去往 1.1.1.1 主机的 IP 流量。注意，在配置 ACL 时，可以在 IP 地址前面输入关键字 **host** 来替代在 IP 地址之后输入的 0.0.0.0。换句话说，在配置 ACL 时，host 1.1.1.1 和 1.1.1.1 0.0.0.0 都表示 IP 地址为 1.1.1.1 的主机地址。

4. 时间范围 ACL

如果希望某个扩展 ACL 只在指定的时间内生效，那么就可以使用时间范围 ACL 来达到目的。

要想让扩展 ACL 只在某个时间范围内生效，就需要首先生成这个时间范围，在时间范围内指定日期和星期，然后再在扩展 ACL 中调用这个时间范围。

要在全局配置模式下创建一个时间范围，需要输入下列命令来给这个时间范围定义一个名称，并且进入时间范围配置模式：

time-range *time-range-name*

在进入时间范围配置模式之后，可以使用 **absolute** 命令来定义一个绝对时间，让对应的 ACL 在未来的某一时刻（某年某月某日某时某刻）生效或失效，也可以使用 **periodic** 命令来定义让这个 ACL 在每周的哪一段时间内周期性地生效。这两条命令的语法分别为：

absolute [**start** *time date*] [**end** *time date*]

periodic *days-of-the-week hh:mm to* [*days-of-the-week*] *hh:mm*

最后，需要在扩展 ACL 中使用（可选的）关键字 **time-range**，并且指定这个时间范围的名称，来调用配置好的时间范围。于是，需要调用时间范围的扩展 ACL，在全局配置模式下的配置语法就成了下面这样：

access-list *access-list-number* {**deny** | **permit**} *protocol source source-wildcard destination destination-wildcard* [**time-range** *time-range-name*]

当然，要想让这个时间范围 ACL 生效，还需要把它应用在相应的接口上。

例 6-3 所示为一个创建时间范围并在扩展 ACL 中调用该时间范围，最后应用该扩展 ACL 的过程。

例 6-3　部署时间范围 ACL

```
interface Ethernet0/0
ip address 192.168.1.0 255.255.255.0
ip access-group 100 in

access-list 100 permit tcp 192.168.1.0 0.0.0.255 172.16.0.0 0.0.255.255 eq 80 time-range
WORKING

time-range WORKING
periodic Monday Wednesday Friday 9:00 to 17:00
```

在例 6-3 中，创建了一个名为 WORKING 的时间范围，设置的时间为每周一、三、五的上午 9 点到下午 5 点。接下来，在 ACL 100 中使用关键字 **time-range** 调用这个名为 WORKING 的时间范围。这个 ACL 会放行从网络 192.168.1.0/24 去往网络 172.16.0.0/16 且目的端口为 TCP 80 的流量，因为这个 ACL 指定的协议为 TCP，并且在输入目的地址和通配符掩码之后使用关键字 **eq** 指明了要过滤的 TCP 端口号。最后，在接口 E0/0 的入站方向调用了这个扩展 ACL。

5. Established ACL

在扩展 ACL 中，有另外一个关键字值得特别说明，即 **established**。如果在配置扩展 ACL 时，希望内部网络可以对外建立 TCP 连接，但所有由外部网络对内发起的 TCP 连接则不允许通过，那么就可以在配置扩展 ACL 时输入关键字 **established**。一旦输入这个关键字，设备在检查匹配的 TCP 流量时，就会查看该流量的 ACK（acknowledgement）或 RST（reset）控制标记位是否被置位，同时只放行置位的流量。例 6-4 所示为使用关键字 **established** 来配置扩展 ACL 的示例。

例 6-4　使用了关键字 **established** 的扩展 ACL

```
Router(config)#access-list 101 permit tcp any eq 443 172.16.0 0.0.255.255 established
Router(config)#interface Ethernet 0/0
Router(config)#ip access-group 101 in
```

在例 6-4 中，使用关键字 **established** 创建了一个扩展 ACL，其目的是只允许把源端口为 TCP 443 且 ACK 和 RST 位置位的流量发送给网络 172.16.0.0/16。注意，在 ACL 的配置中，关键字 **any** 表示一切源或目的地址均匹配这个条目。

6. 自反 ACL

如果希望保障网络安全，那么放行出站流量并限制入站流量是一种非常自然的需求。不过，这类需求往往比较复杂，仅仅通过关键字 **established** 显然难以满足这类需求。如果希望进一步实现这种需求，可以使用自反 ACL。

自反 ACL 可以在设备上创建这样一种规则，即当设备接收到匹配该 ACL 的流量（即从内部网络发往外部网络的流量）时，就会临时允许该流量所触发的回程流量在经过评估后得到放行。

自反 ACL 只能通过命名的扩展 ACL 来实现，它需要在接口相同但方向相反的两个扩展 ACL 上分别使用关键字 **evaluate** 和 **reflect** 进行关联，实现对反向流量的放行。

例 6-5 所示为一个自反 ACL 的配置。

例 6-5　自反 ACL

```
interface Serial 0/0/0
ip address 1.1.1.1 255.255.255.252
ip access-group INTERNAL_ACL out
ip access-group EXTERNAL_ACL in

ip access-list extended EXTERNET_ACL
evaluate WEB-REFLEXIVE-ACL

ip access-list extended INTERNAL_ACL
permit tcp any any eq 80 reflect WEB-REFLEXIVE-ACL
```

在例 6-5 中，创建了一个名为 INTERNAL_ACL 的扩展 ACL，用于放行从任意地址去往任意地址且目的端口为 TCP 80 的 HTTP 流量。这个扩展 ACL 通过关键字 **reflect** 让扩展 ACL EXTERNET_ACL 对进入 Serial 0/0/0 接口的反向流量进行校验，并且放行对应内部流量所触发的反向流量。

自反 ACL 实现了状态化监控的功能，它只会临时放行内部网络对外流量的返程流量，因此安全性和灵活性都很高。

相较于如今各类安全设备上支持的那些灵活而又复杂的安全策略，ACL 的优势是逻辑直观、配置简单，并拥有大量设备的支持，所以 ACL 也就成为了网络中应用最为广泛的安全策略之一。本节对 ACL 涉及的一些常见的概念和类型进行了介绍，并且通过一些示例进行了演示。从下一节开始，会把重点放到本章的重点——防火墙上。

6.2　防火墙技术介绍

在 2.1 节曾经将防火墙作为一种终端安全技术进行过简单的概述，本章会更多地把防火墙作为一种网络基础设施进行介绍，包括实施在路由器上的防火墙技术或者独立的防火墙硬件设备。

第 2 章曾经提到，防火墙曾经是建筑学领域的专用术语，它的作用是防止火灾大面积蔓延到所有区域而设置的一种阻燃墙体。因此，在建筑中设计防火墙可以把一栋建筑隔离为多个不同的分区（即防火分区），从而在火灾初起时有效地把火灾隔离在某个或者某些分区当中。在中国古代，人们会建造一种称为"马头墙"的建筑来规避因一栋建筑失火而导致大面积火灾的情况。这种在江南，尤其是徽派建筑中广泛采用的"马头墙"，就是中国古代的防火墙。

Firewall 这个词从建筑领域被引入 IT 领域，最早可以追溯到由米高梅—联美娱乐公司制作并于 1983 年上映的科幻电影"战争游戏"（War Games）。到了 20 世纪 80 年代末，人们开始使用路由器来分隔网络的不同区域，从而避免网络故障或攻击从一个网络迅速蔓延到另一个网络中。在那之后，或许是受到"战争游戏"的启发，或许是发现这种隔绝问题的思路与建筑学防火墙之间存在相似之处，各个企业开始设计、研发用来把网络分隔为不同的安全分区（即安全区域）从而隔离问题的设备，这类设备也就被称为防火墙。在那之后，防火墙技术进行了多次的更新换代。本节会对历代防火墙提供的核心技术以及这些技术的更新换代过程进行介绍。

6.2.1　包过滤防火墙

包过滤防火墙是第一代防火墙。它的工作方式和工作原理与 6.1 节介绍的标准 ACL 和普通的扩展 ACL 一样。也就是说，防火墙在接收到入站数据包时，会根据预先配置的参数对数据包执行匹配，然后再根据匹配的结果执行相应的放行或者拒绝操作。图 6-6 所示为简单的包过滤防火墙工作方式的示例。

延伸阅读：在和烟台职业学院的刘彩凤老师合作时，刘老师曾建议作者根据过滤的效果是放行还是拒绝，而对应地将这种过滤行为称为"过滤"或者"筛选"。这是一项很宝贵的建议。对于初学者来说，在听到"过滤"一词时，容易本能地认为设备是在执行丢弃。但实际上在安全领域，涉及所谓过滤（filter）的行为，其实并不必然意味着流量会被丢弃。设备执行的"过滤"行为实际上暗示了两种可能的结果：一种是"放行"；另一种是"拒绝"。因此，设备其实是在根据指定的策略对流量进行筛选。

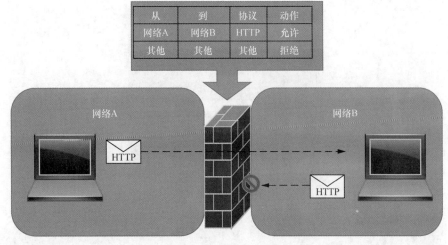

图 6-6　包过滤防火墙

在图 6-6 中，由网络 A 中一台设备向网络 B 中一台设备发送的 HTTP 数据包因为匹配了防火墙上的允许或者说放行策略，因此可以穿过防火墙。而由网络 B 中一台设备向网络 A 中一台设备发送的 HTTP 数据包则因为只能匹配最后的拒绝策略，而无法穿过防火墙。

典型的包过滤防火墙可以根据数据包的源或目的 IP 地址、协议、TCP/UDP 端口号等参数，对流量进行过滤；这一点也和普通的扩展 ACL 相同。

6.2.2　电路层防火墙

前文提到，防火墙的目的是隔离不同的区域。在实际使用中，人们多将防火墙用作可靠网络和不可靠网络的边界。于是，这种需求就会变得越来越普遍：人们希望可靠网络可以向不可靠网络发起连接，但却不希望不可靠网络能够向可靠网络发起连接。显然，笼统地依靠过滤协议是无法满足上述需求的，因为这样一来，不可靠网络为了建立连接而返回给连接发起方的数据包也会被过滤掉。为了满足这种需求，新一代（第二代）的电路层防火墙应运而生，这种防火墙增加了一种名为"连接状态表"的数据表。防火墙可以在内部发起连接时向这个数据表中添加一个表项，在外部返回的流量到达防火墙时，防火墙就会根据该表项放行对应的流量。这样一来，防火墙就可以对所有放行的连接进行状态追踪了。同时，外部网络向内部网络发起的流量还是会被防火墙过滤掉，因为防火墙上没有对应的表项。电路层防火墙的工作方式如图 6-7 所示。

延伸阅读：作者曾经从泰国的清莱去缅甸的大其力旅游。这个陆路边境一日游的游客放行方式有点类似于电路层防火墙。游客拿着护照从泰国的清莱出境。在进入缅甸时，缅甸边检会在一张入境登记表（即连接状态表）中进行登记（即增加一个表项），然后缅甸边检提供一张入境条（这就是返程流量置位的标记）并且把护照暂存在缅甸入境口岸。游客游览完毕之后，在离境缅甸的时候，向边检展示入境条，边检按照入境条查看入境登记信息，在入境登记表中记录该游客已经出境，然后返还护照。

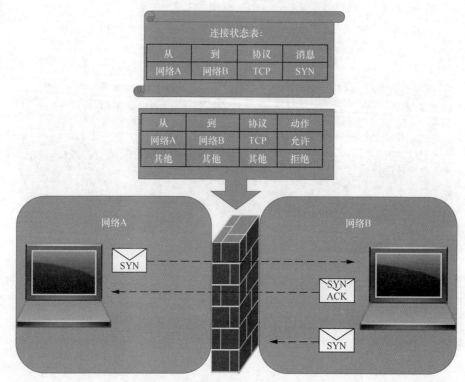

图 6-7 电路层防火墙

在图 6-7 中,由网络 A 中一台设备向网络 B 中一台设备发送的一个用于发起 TCP 连接的 TCP SYN 数据包,由于匹配了防火墙上的放行条目,因此可以穿过防火墙。于是,防火墙就把这条连接的状态记录在连接状态表中。在接收到网络 B 的响应设备所发送的 TCP SYN-ACK 数据包时,防火墙通过查看连接状态表,发现这是上一个数据包的返程数据包,因此予以放行。但如果网络 B 中的这台设备向网络 A 中的对应设备发送用于发起 TCP 连接的 TCP SYN 数据包,由于这个数据包只能匹配最后的拒绝策略,所以无法穿过防火墙。

6.2.3 代理防火墙

前面介绍的两代防火墙负责在端到端的通信中根据策略对流量执行过滤,但它们本身并不参与到通信中。它们就像是外部网络和内部网络之间的"居庸关长城"。

然而,自古兵不厌诈,长城被伪装成守城一方的敌兵从内部攻破,这样的例子在战争史上同样不胜枚举。也就是说,如果防火墙只能按照数据包中的字段来执行匹配,那么攻击者只要发起欺骗攻击去伪装相应的字段,那么横亘在可靠网络和不可靠网络之间的防火墙也就形同虚设了。

为了彻底避免这类问题,保障内部网络设备的安全,第三代防火墙(也就是代理防火墙)

应运而生。顾名思义，代理防火墙会代表内部网络的设备与外部网络的设备建立连接。这样一来，原本内部设备与外部设备之间的端到端通信就会被防火墙打断成两组端到端的通信，即内部设备与防火墙之间的通信和防火墙与外部设备之间的通信。在外部设备看来，发起通信的是防火墙而不是防火墙代理的内部设备。这样一来，外部设备连内部设备的基本信息都无从掌握，更遑论对内部设备发起任何攻击了。

通过前面的介绍读者或许已经发现，无论是否采用状态连接表，数据包过滤技术都是工作在 OSI 模型的网络层，而代理防火墙则明显不同。既然代理防火墙会分别与通信双方建立端到端的连接，因此这种防火墙显然工作在 OSI 模型的应用层。有鉴于此，代理防火墙也称为应用代理防火墙。鉴于应用代理防火墙会把一次应用层的连接"打断"，由自己作为代理重新向目标发起应用层访问，并以此把自己插入应用层访问中充当其中的"一跳"，因此应用代理防火墙有时也称为应用层网关。

因此，代理防火墙就像房屋中介（房屋代理）那样，房东不希望直接和租客进行沟通，房屋代理的出现既可以省去很多麻烦，也可以避免在租客出现各类违约情况时自己难以追讨房租。在整个租房的过程中，租客和房东实际上既不需要见面，也不需要沟通，就连房租也是通过中介进行支付的。这就可以通过专业的房屋机构来解决出租房屋时有可能面临的问题了。

代理防火墙的工作方式如图 6-8 所示。

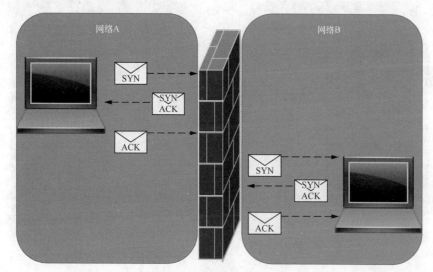

图 6-8　代理防火墙的工作方式

在图 6-8 中，网络 A 中的一台设备希望向网络 B 中的一台设备发起 TCP 连接。在这个过程中，防火墙代表网络 B 中的设备与网络 A 中的设备建立了连接，之后又代表网络 A 中的设备去和网络 B 中的设备建立连接。在连接建立之后，任何往返于这两台设备之间的数据包都会经由防火墙上的代理程序代为发送。自始至终，这两台设备之间都没有直接建立会话，外部网络（本例中的网络 B）中的设备所接收到的消息都源自防火墙，因此外部设备也就无法对内部网络中发起连接的设备进行攻击了。

显然，代理防火墙基本规避了外部网络给内部设备构成威胁的可能性，远比前两代防火墙为网络提供的防护更加可靠。不过，代理防火墙的问题也很明显：由于工作在应用层，所以代理防火墙的速度相对比较慢，而且随着内部设备数量的增加，以及内部设备和外部建立的连接数量的增加，防火墙上的资源最终有可能会迅速耗竭。

6.2.4 自适应代理防火墙

如前文所述，包过滤防火墙的安全性略差，而代理防火墙的速度慢且资源消耗严重。合理的逻辑是，如果能够把它们的工作方式结合起来，就可以设计出一种平衡效益和安全性的防火墙，这就是第五代防火墙（即自适应代理防火墙）的由来。

自适应代理防火墙包含两个模块，一个模块在 OSI 的网络层按照配置的策略执行包过滤操作，另一个模块在 OSI 的应用层作为内部网络的代理与外部建立会话，这两个模块之间有一条控制通道。防火墙本身可以通过用户配置的策略来决定针对某次会话、某个数据包，是执行应用层代理操作还是数据包过滤操作。

图 6-9 所示为自适应代理防火墙的工作方式。

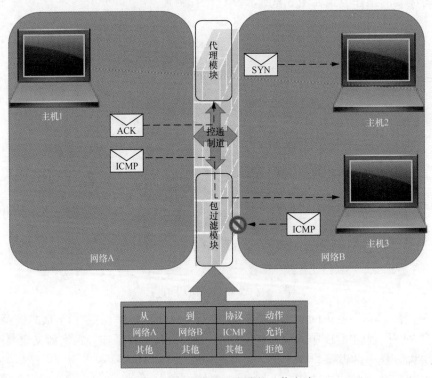

图 6-9　自适应代理防火墙的工作方式

在图 6-9 中，网络 A 中的主机 1 希望和网络 B 中的主机 2 建立 TCP 会话。防火墙把这些流量交给代理模块进行处理。此时，主机 1 正在完成与防火墙之间的三次握手，而代理模块也已经开始与主机 2 进行三次握手。对于主机 1 要发送给主机 3 的 ICMP 消息，自适应代理防火墙根据配置的包过滤策略予以放行，但是当主机 3 想要给主机 1 发送 ICMP 消息时，包过滤模块中只能匹配到最后的拒绝语句。

自适应代理防火墙很好地平衡了包过滤防火墙安全性欠佳和应用代理防火墙性能有限的弱点，把它们的优点结合了起来。本章的主题为"实施自适应安全设备"，这样做的原因是这类设备已经成为主流的防火墙设备。目前市面上销售的主流硬件防火墙或可以提供防火墙功能的网络基础设施，大多可以充当自适应代理防火墙。更多设备在智能化、应用可视化、自动化等方面走得更远，同时也集成了更多功能，它们被称为下一代防火墙。

6.2.5 下一代防火墙

下一代防火墙（或者新一代防火墙）是 Gartner 咨询公司在 2009 年提出的概念。按照 Gartner 的定义，下一代防火墙是这样一种防火墙：它在当前防火墙的基础上，进一步提升了性能和可用性，集成了入侵防御系统（IPS），提供了应用可识别的功能，并且具备了智能化功能（也就是可以根据攻击行为自行部署对应的安全策略）。总之，防火墙的发展方向有 3 个：能够针对应用层的威胁提供更多防护；朝着智能化的方向发展式；可以更好地应对"零日攻击"。

鉴于下一代防火墙并不是针对一种新的防火墙技术或防火墙工作方式所提出的概念，因此这里不再赘述。

6.3 基于区域的策略防火墙

6.2 节介绍了防火墙的更新换代以及一系列的防火墙技术，本节的重点是介绍常见的 IOS 防火墙技术。这里需要提前说明的一点是，IOS 防火墙是指通过配置思科路由器的 IOS，而由路由器在网络中提供的防火墙功能。

首先，我们从一种称为基于上下文的访问控制（Context-Based Access Control，CBAC）技术说起。

6.3.1 基于上下文的访问控制

CBAC 是经典 IOS 防火墙的代称。虽然自从思科在 1995 年底收购了 Network Translation 公司之后，思科就拥有了独立的硬件防火墙产品线（PIX），但对于拥有分支机构的公司来说，在了解了购买独立防火墙产品所需要支出的成本之后，往往会考虑通过现有的设备来提供防火墙的功能。CBAC 就可以在思科路由器的 IOS 上实施，让这台路由器提供防火墙的功能。

这样一来就可以利用现有的网络设备来提供防火墙的功能了。

既然名为基于上下文的访问控制，就说明 CBAC 了解很多应用层协议的特征，所以可以对这些应用层协议执行智能化的监控。因此，CBAC 可以用来对 TCP 甚至无连接的 UDP 提供状态化监控。在早期的思科专用防火墙设备 PIX 及其下一代产品 ASA 上，都支持 CBAC 功能。其实，在具体的技术层面，可以将 CBAC 划分为 6.2 节中介绍的电路层防火墙，它的工作原理如图 6-10 所示。

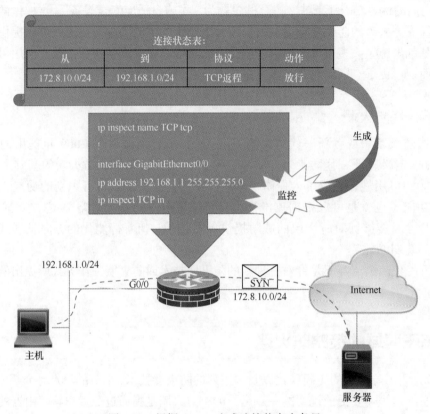

图 6-10　根据 CBAC 生成连接状态表条目

在图 6-10 中，一台连接到 IOS 防火墙的主机向互联网中的一台服务器发送了一个 TCP SYN 消息。当这个消息到达（配置了 CBAC 的）IOS 防火墙接口 G0/0 时，因为防火墙在这个接口的入站方向上通过接口配置模式命令 **in inspect TCP in** 调用了在全局配置模式下使用命令 **ip inspect name TCP tcp** 创建的 CBAC（大写的 TCP 为其名称），所以防火墙会对这个数据包所属的流量执行状态化监控。因为它是 TCP 流量，于是防火墙会对这个数据包的属性进行分析。经过分析，防火墙发现这是一个新的流量，需要放行返程流量，于是防火墙就会在自己的状态表中动态创建出一个条目，用于放行由这个 TCP SYN 消息触发的返程流量。

　　之后，当服务器向主机发送 TCP 响应消息时，虽然防火墙的 G0/1 接口上已经应用了拒绝所有 IP 流量的 ACL 条目，但防火墙依然会根据这个 CBAC 生成的临时状态化条目，放行相应的流量通过防火墙，如图 6-11 所示。

　　除了 TCP 返程流量，其他流量在进入防火墙 G0/1 接口时都会匹配扩展 ACL 100，因此会被防火墙丢弃。显然，被丢弃的流量也包括其他协议的返程流量，因为防火墙没有监控其他的流量（见图 6-10）。不过，从主机向外发送的流量在正常情况下并不会被丢弃，因为本例中并没有在 G0/0 接口的入站方向和 G0/1 接口的出站方向上配置任何会导致流量被过滤的策略。

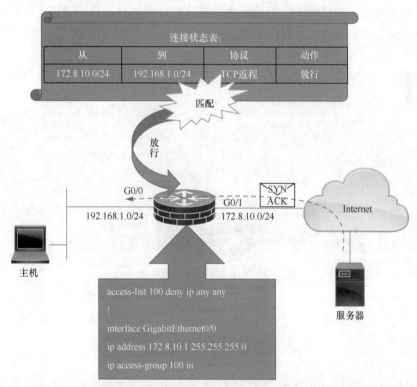

图 6-11　根据连接状态表放行（本该被 ACL 拒绝的）后续数据包

　　当然，既然是临时的条目，连接状态表中的条目就有超时时间。一旦一条连接因为长期不活动而超时，又没有出现过任何匹配，那么防火墙就会把这个条目从状态表中删除。在那之后到达防火墙的数据流量，即使可以匹配之前的状态化条目，也会被防火墙丢弃。因为连接状态表中已经没有这个条目了。

6.3.2　基于区域的防火墙

　　第 2 章曾经提到杨义先教授的类比——把防火墙比作包含了关卡的"长城"。一道长城，把华人眼中的"四海之内"分隔成了"安全的"关内（供农耕民族"日出而作，日落而息"）和"不安全的"关外（供游牧民族"逐水草而居"）。这样的类比很符合防火墙在网络中应该发挥的作用：把可靠网络和不可靠网络隔离开，然后有针对性地应用策略以放行这些网络之间的流量。也就是说，防火墙应该根据网络的可靠性把网络分隔成不同的区域。

1. 基于区域的防火墙的工作方式

基于区域的防火墙（Zone-based Fire Wall，ZFW）正式引入了"安全区域"（security zone）这个概念。可以根据路由器各个接口所连接的网络是否安全可靠，把接口划分到不同的安全区域中，然后通过定义区域间策略有选择地放行区域间的流量。换句话说，在一台设备上，一个"安全区域"其实就是多个接口的组合。

下面通过拓扑的方式介绍 ZFW 的几大通信规则。

第一，不属于任何安全区域的接口之间，其通信不会受到已生成的安全区域的影响，如图 6-12 所示。

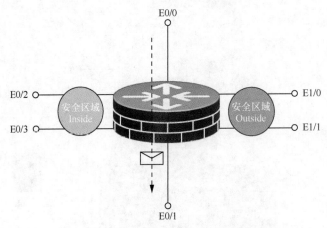

图 6-12　不属于安全区域的接口间通信

在图 6-12 中，接口 E0/0 和接口 E0/1 的通信不会受到 Inside 和 Outside 这两个安全区域的影响。它们之间的通信是放行还是拒绝应该参照设备上其他的策略（如 ACL、CBAC）来决定。

第二，不属于任何安全区域的接口不能与属于安全区域的接口进行通信，如图 6-13 所示。

在图 6-13 中，一个数据包需要从接口 E0/0 进入路由器，从接口 E1/0 离开路由器。由于接口 E0/0 不属于任何安全区域，而接口 E1/0 属于安全区域 Outside，因此该流量受到阻塞，无法穿越这台 IOS 防火墙。

第三，属于相同安全区域的接口之间可以通信，不需要任何策略，如图 6-14 所示。

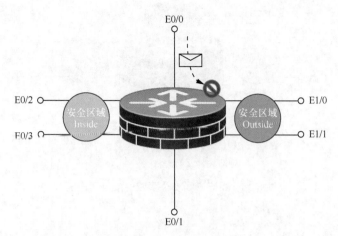

图 6-13   属于安全区域的接口和不属于安全区域的接口之间不能通信

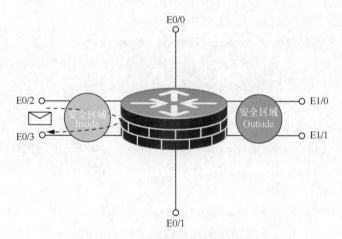

图 6-14   属于相同安全区域的接口间通信

在图 6-14 中，一个数据包需要从接口 E0/2 进入路由器，从接口 E0/3 离开路由器。由于这两个接口都属于安全区域 Inside，因此该流量不需要任何策略就可以直接穿越这台 IOS 防火墙。

第四，属于不同安全区域的接口之间是否可以通信取决于配置的策略，但默认无法通信，如图 6-15 所示。

在图 6-15 中，一个数据包需要从接口 E0/2 进入路由器，从接口 E1/0 离开路由器。由于这两个接口分别属于安全区域 Inside 和 Outside，因此路由器需要根据配置的区域间策略来决定是否放行该流量。

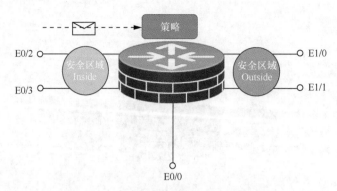

图 6-15 属于不同安全区域的接口间通信

2. ZFW 的配置

在配置基于区域的防火墙时,需要很多步骤,但是并不复杂,因为配置的过程逻辑性很强。总体来说,完整的配置过程分为下列步骤。

步骤 1 使用全局配置命令 **zone security** *zone-name* 来定义、创建安全区域。

步骤 2 按照网络的需求进入相关接口的配置模式,使用命令 **zone-member security** *zone-name* 把这个接口放入之前定义的安全区域中。

步骤 3 由于属于不同安全区域的接口之间是否可以通信取决于配置的策略,因此如果要放行不同安全区域的接口间流量,则需要使用全局配置命令 **zone-pair security** *zone-pair-name* **source** *source-zone-name* **destination** *destination-zone-name* 创建由这两个区域组成的区域对。根据配置命令可以看出,区域对是有向的,如果策略涉及这两个区域的两个不同方向,就需要定义两个区域对。

步骤 4 使用全局配置命令 **class-map type inspect** {**match-any** | **match-all**} *name* 创建一个 class-map(类映射),并且进入类映射配置模式,然后使用 **match** 命令选择要匹配的区域间流量协议。

步骤 5 使用全局配置命令 **policy-map type inspect** *name* 创建一个 policy-map(策略映射),并且进入策略映射配置模式来调用前面创建的类映射,然后选择要对匹配的区域间流量执行什么操作。在策略映射中定义的常见策略包括 **inspect**(状态化监控)、**drop**(丢弃)、**pass**(放行流量,同时不执行状态化监控)等。

步骤 6 进入相关区域对的配置模式,在区域对中调用前面定义的策略映射,让策略映射针对这个区域对生效。

下面通过一个非常简单的配置示例来介绍 ZFW 的配置方法。

在图 6-16 所示的简单网络中,要求使用 ZFW 对从 G0/0 去往 G0/1 的 HTTP、SMTP、Telnet、ICMP 流量执行状态化监控。

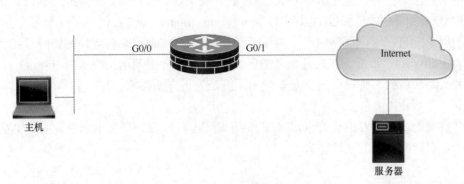

图 6-16 ZFW 配置示例网络

例 6-6 所示为实现上述需求的 ZFW 配置（不含与 ZFW 无关的基础配置）。

例 6-6 基于区域的防火墙配置示例

```
zone security Outside
zone security Inside

interface GigabitEthernet0/0
  zone-member security Inside

interface GigabitEthernet0/1
  zone-member security Outside

zone-pair security In-to-Out source Inside destination Outside

class-map type inspect match-any In-to-Out-Class
  match protocol http
  match protocol smtp
  match protocol telnet
  match protocol icmp

policy-map type inspect In-to-Out
 class type inspect In-to-Out-Class
     inspect
 class class-default

zone-pair security In-to-Out source Inside destination Outside
  service policy type inspect In-to-Out
```

在例 6-6 中，首先创建了两个安全区域 Outside 和 Inside，并且分别把 G0/1 和 G0/0 划分到这两个安全区域中，然后定义了一个名为 In-to-Out 的区域对，把源区域设置为 Inside，目的区域设置为 Outside，旨在匹配从 G0/0 去往 G0/1 的流量。

接下来，定义了一个名为 In-to-Out-Class 的分类映射，这个分类映会匹配 HTTP、SMTP、Telnet、ICMP 这 4 种协议(流量)的其中任何一种(match-any)。然后，创建了一个名为 In-to-Out 的策略映射，并且在这个策略映射中调用了类映射 In-to-Out-Class，然后把针对匹配流量的动作设置为 **inspect**。最后，在之前创建的区域对 In-to-Out 中调用策略映射 In-to-Out。当然，区域对和策略映射的名称完全没有必要相同，但是为了方便排错，这个名称最好能够标识出其用途。

本章前面的内容主要围绕着 IOS 和 IOS 防火墙进行介绍，在接下来的 6.4 节和 6.5 节会把介绍的重点转向专用的硬件防火墙。

6.4　硬件防火墙图形化管理

迄今为止，思科公司推出了多个防火墙系列产品线，同时也推出了多种类型、多个版本的命令行界面和图形化界面管理系统。本节会对如何访问最新思科防火墙产品线的图形化界面管理系统进行介绍。

6.4.1　思科防火墙及系统发展简介

6.3 节曾经提到，思科最早通过收购 Network Translation 公司推出了自己的第一代防火墙产品线，这一代产品称为 PIX。PIX 可以通过两种方式进行管理，最常用的管理方式是通过 PIX OS 的命令行界面（Command-Line Interface，CLI）输入命令来进行管理。从 PIX OS 4.1 版本开始，PIX 也提供了图形用户界面（Graphic User Interface，GUI）。最开始的 PIX GUI 界面称为 PIX 防火墙管理器（PIX Firewall Manager，PFM），运行在 Windows NT 客户端本地。从 PIX OS 6.0 开始，PIX GUI 变为需要使用客户端上的浏览器，通过 HTTPS 协议进行访问。这一版的 PIX 图形化管理界面称为 PIX 设备管理器（PIX Device Manager，PDM）。到了 PIX OS 7.0 版，PIX GUI 同时支持在客户端本地或者通过浏览器使用 HTTPS 进行访问，这一版的 PIX 图形化管理界面称为自适应安全设备管理器（Adaptive Security Device Manager，ASDM）。

到了 2005 年，思科推出了自己的新一代防火墙，名为自适应安全设备（Adaptive Security Appliance，ASA）。2008 年，思科正式宣布 PIX 停产。ASA 设备也和 PIX 一样提供了两种管理方式，一种是通过 CLI 输入命令进行管理，另一种是通过 ASDM 进行管理。ASA 的操作系统延续了 PIX OS 这种命名方式，但版本号从 7.0 变成了 8.0。由于 PIX 是收购 Network Tranlation 公司后获得的产品线，因此早先的 PIX OS 和 IOS 很不相同。但是自从 PIX OS 8.0 版开始，PIX OS 变得和 IOS 非常相似了。关于图形化界面，在 ASA 销售的十余年中，ASDM 也推出了大量的更新版本。

2013 年，思科收购了一家名为 Sourcefire 的公司。这家公司是空间安全领域的领导企业之一。在此之后，思科在很多自身的产品上使用了 Sourcefire 的技术，其中就包括 ASA 5500-X

系列设备。同时，思科也推出了下一代防火墙，如 Firepower 2100 系列、4100 系列和 9300 系列。

关于下一代防火墙的定义，6.2 节已经进行了介绍。实际上，Firepower 也确实非常符合上面的定义。比如，Firepower 集成了高级威胁智能、Cisco 防御编排器（CDO）、高级恶意软件防护（AMP）、下一代入侵防御系统 SNORT 和 Cisco 威胁响应（Cisco Threat Response）等高级功能。Firepower 既然是思科收购 Sourcefire 的结果，它的管理方式也就有可能不同于 8.x 及更新版本的 PIX OS 和 IOS。实际上，在设备管理方面，Firepower 可以通过它的命令行界面 FXOS（Firepower 可扩展操作系统）进行基本的设置和排错工作，但主要的策略部署工作则需要通过 Firepower 的图形化界面 Firepower 设备管理器（Firepower Device Manager，FDM）来完成，因为 FXOS 几乎不能配置安全策略。在本节后面的内容中，我们会对 FDM 进行简单的介绍。

注释：显然，根据上文的说法，ASA 和 Firepower 在管理上（无论是命令行界面，还是图形化界面）存在很大的差异。为了降低用户的学习成本，提升管理界面的友好度，目前即将停产的 ASA 5500-X 系列防火墙也可以使用 FDM 进行管理，同时 Firepower 也可以安装 ASA 的 PIX OS 来执行命令行管理。

6.4.2 连接 Firepower 并使用 FDM 进行管理

Firepower 包含了很多出厂的默认设置，其中一些默认设置对于管理员登录设备至关重要。Firepower 上重要的默认设置如表 6-1 所示。

表 6-1　　　　　　　　　　Firepower 的默认设置

设置	默认值
admin 用户的密码	Admin123
管理 IP 地址	192.168.45.45
管理网关	192.168.45.1
内部接口 IP 地址	192.168.45.1/24
内部客户端的 DHCP 服务器	地址池为 192.168.45.46~254
内部客户端自动配置	在外部接口上启用
外部接口 IP 地址	从 ISP 或上游路由器上自动获取

在表 6-1 中可以看到，内部接口和外部接口上是有默认 IP 地址的。同时，对于各个型号的 ASA 5500-X 和 Firepower 设备来说，一些接口会默认被指定为内部接口和外部接口。表 6-2 所示为一些常见设备型号的接口分配方式。

表 6-2   一部分 ASA 5500-X 和 Firepower 设备型号默认的内部接口和外部接口

设备型号	接口分配
ASA 5506-X ASA 5506H-X ASA 5506W-X ASA 5508-X ASA 5516-X Firepower 1100 Firepower 2100	外部接口：GigabitEthernet1/1（简写为 G1/1） 内部接口：GigabitEthernet1/2（简写为 G1/2）
ASA 5512-X ASA 5515-X ASA 5525-X ASA 5545-X ASA 5555-X	外部接口：GigabitEthernet0/0（简写为 G0/0） 内部接口：GigabitEthernet0/1（简写为 G0/1）

如果被管理设备是 ASA 5506-X 等（即表 6-2 中第 2 行中的设备型号），那么可以用一台二层交换机来连接内部网络（可靠网络）和管理网络。在这种情况下，需要用一台二层交换机连接到防火墙的 GigabitEthernet1/2 接口（即内部接口）和 Management1/1 接口（即管理接口，简写为 Mgmt1/1），同时再用一台管理工作站连接到这个二层交换机，然后再把防火墙的 GigabitEthernet1/1 接口（即外部接口）连接到互联网。具体的连线方式如图 6-17 所示。

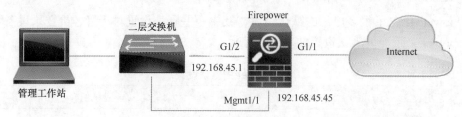

图 6-17   ASA 5506-X、5506H-X、5506W-X、5508-X、5516-X、Firepower 1100、2100 管理接线图

同理，如果被管理设备是 ASA 5512-X 等（即表 6-2 中第 3 行中的设备型号），那么具体的连线方式就如图 6-18 所示。

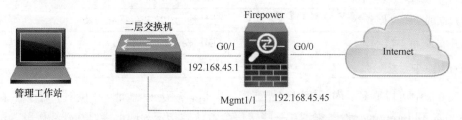

图 6-18   ASA 5512-X、5515-X、5525-X、5545-X、5555-X 管理接线图

在按照图 6-17 或图 6-18 所示的方式进行接线的同时，需要让管理工作站的网卡（NIC）自动获取 IP 地址，或者为其手动配置一个 192.168.45.0/24 范围的 IP 地址。由于如表 6-1 所

示的 Firepower 的内部接口会充当 DHCP 服务器，会在默认设置下自动为 DHCP 客户端提供范围为 192.168.45.46-254/24 的 IP 地址，因此管理工作站可以从 Firepower 获取 IP 地址。在获取 IP 地址之后，只需要打开管理工作站上面的浏览器，输入 Firepower 管理接口 Management1/1 默认设置的 IP 地址，就可以访问 Firepower 的 FDM GUI 了。

要通过管理工作站的浏览器访问 Firepower 的 FDM，需要在浏览器中输入"https://管理接口 1/1 的 IP 地址"。如果管理接口的 IP 地址保持默认，那么就应该输入 https://192.168.45.45。这时，浏览器可能会弹出警告信息，如图 6-19 所示。

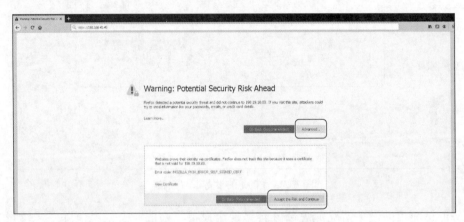

图 6-19　连接 Firepower 的管理接口

在出现警告窗口的情况下（见图 6-19），单击 Advanced 按钮，然后单击 Accept the Risk and Continue 按钮，就可以看到 FDM 的登录界面，如图 6-20 所示。

在登录界面中输入用户名和密码。如果是首次登录，则应输入表 6-1 所示的默认用户名和密码组合 admin/Admin123，然后单击 Log in 按钮。如果输入正确，FDM 的 GUI 就会呈现出来。

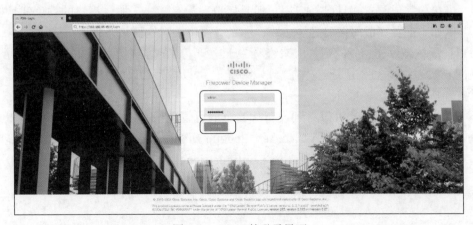

图 6-20　FDM 的登录界面

6.4.3 FDM 的管理界面

FDM 的设备汇总面板如图 6-21 所示。如果进入了其他标签、页面，也可以单击设备标签回到设备汇总页面。

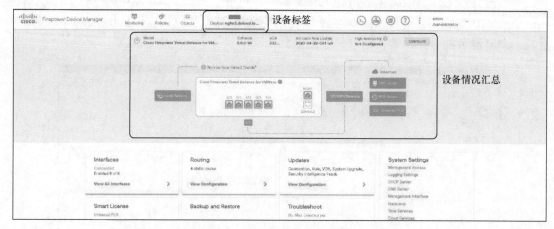

图 6-21　FDM 的设备汇总面板

设备汇总面板的设备情况汇总部分会呈现出设备当前的状态信息。除了显示设备的型号、软件版本、VDB（漏洞数据库）版本、入侵规则最后的更新时间、是否配置了高可用性，还会以比较直观的方式告诉管理员哪些配置已经设置完成，以及哪些设置还有待设置。在这个界面中，接口的颜色包含了不同表意。

- 绿色：接口已经进行了配置，并且链路状态为启用（up）。
- 灰色：接口没有启用。
- 橙色和/或红色：表示接口已经配置并且启用，但是链路状态是未启用（down）。如果接口完成配置并且已经启用，但是接口上没有接线，那么接口的颜色就是如此。但如果配置完成的接口已经接线，那么就需要针对这种状态进行排错了。

可以把鼠标悬停在相应的组件上来查看关于这个组件的详细信息，如图 6-22 所示。

在图 6-22 中，通过把鼠标悬停在接口 0/0 上，可以看到接口的 IPv4 和 IPv6 地址，以及链路状态和接口是否已经打开。

下拉浏览器的滚动条，可以看到设备标签下的可管理项，其中包括 Interface、Routing、Updates、System Settings、Smart License、Backup and Restore、Troubleshoot、Site-to-Site VPN、Remote Access VPN、Advanced Configuration、Device Administration，如图 6-23 所示。

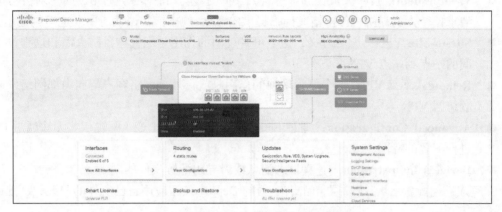

图 6-22　FDM 设备汇总信息的悬停指示

图 6-23　设备标签下面的可管理项

这些可管理项都有一些相关的指导方针。

- **Interface**：接口的配置可以在这里完成。在管理接口之外，应该至少再配置两个数据接口。
- **Routing**：用来配置和路由有关的信息。必须定义一条默认路由，其他路由则应该根据网络的需求进行定义。
- **Updates**：负责提供地理位置、入侵策略和漏洞数据库更新。可以在这个可管理项中设置一个常规的更新计划，确保如果使用相关特性，数据库是最新的。
- **System Settings**：可以设置一些基本的参数，尤其是第一次设置设备时需要进行设置而以后又很少需要修改的参数。
- **Smart License**：可以查看系统许可证当前的状态。设备只有在安装对应的许可证之后才能正常使用。
- **Backup and Restore**：备份系统配置，或者把系统恢复到之前的备份状态。

- **Troubleshoot**：技术人员在寻求思科 TAC（技术支持中心）的帮助时，对方可能会要求技术人员提供一份排错文档，提供给 TAC 的排错文档就需要在这里创建。
- **Site-to-Site VPN**：顾名思义，这个可管理项的作用是配置这台防火墙和远程设备之间的站点到站点 VPN。
- **Remote Access VPN**：这个可管理项的作用是放行外部网络客户端向内部网络发起远程访问 VPN。
- **Advanced Configuration**：通过 FlexConfig 或者 Smart CLI 配置一些无法通过 FDM 进行配置的特性。
- **Device Administration**：查看日志消息或者导出配置文件的副本。

在完成任何配置之后，都需要单击右上角的 Deploy 按钮应用自己所作的修改，如图 6-24 所示。

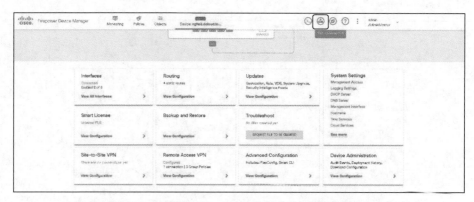

图 6-24　单击 Deploy 按钮应用之前所作的配置

如果要进一步对这台防火墙进行配置，使用各类安全策略，那就需要单击 Policy 标签，如图 6-25 所示。

图 6-25　Policy 标签

单击 Policy 标签之后，可以看到有一系列策略可以在这个标签中进行设置，其中包括 SSL Decryption、Identity、Security Intelligence、NAT、Access Control、Intrusion。可以单击这些按键来设置对应的策略。在图 6-25 所示的页面中，选中的是标签是 Access Control。这个标签的作用是设置访问控制策略。

例如，如果单击 SSL Decryption，设备展现出来的页面如图 6-26 所示。

图 6-26　SSL Decryption 页面

如果希望对加密的连接进行监控，查看其中包含的入侵行为等，就必须对连接进行解密。这时就需要使用 SSL 解密策略来设置要对哪条连接进行解密。在监控之后，防火墙会重新对这条连接进行加密。

如果单击 Identity，可以看到图 6-27 所示的页面。

图 6-27　Identity 页面

Identity 页面的作用是基于用户的身份来设置策略。如果希望根据用户的身份来执行某些网络操作，或者根据用户的身份来执行网络访问控制，就可以在这里设置对应的策略。

单击 Security Intelligence 会让 FDM 显示出图 6-28 所示的页面。

图 6-28　Security Intelligence 页面

思科会周期性地提供发现的恶意地址和 URL。如果执行 Security Intelligence，设备就会直接断开往返于这类地址和 URL 的链接。

如果单击 NAT，系统呈现出来的页面如图 6-29 所示。

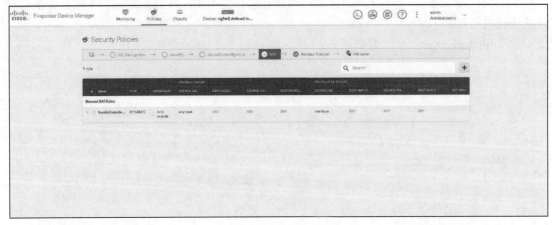

图 6-29　NAT 页面

NAT 页面的作用是添加、删除和修改防火墙上的 NAT 策略。如果需要添加新的 NAT 策略，则需要单击图中的加号（+），然后在出现的页面中填写对应的参数。

Intrusion 策略的作用是对已知的威胁进行监控，这个 Intrusion 标签对应的页面如图 6-30所示。

图 6-30　Intrusion 标签

FDM 页面中的 Monitoring 标签用来监测设备上的各个参数、配置和状态。单击 Monitoring 标签后，Dashboard 主面板的 System 页面如图 6-31 所示。

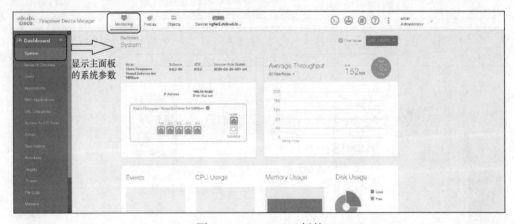

图 6-31　Monitoring 标签

在图 6-31 中，不仅会显示图 6-21 所示的接口、系统参数，而且会显示各个接口的流量情况、事件，以及 CPU、内存和磁盘的使用率等。当然，这里发现的问题常常需要在图 6-23 所示的页面中进行修改。

FDM 的配置比较直观，不同版本的界面略有差别，这里只对各个标签的作用进行简单说明。读者可以在使用的过程中慢慢熟悉。

说明：本节所有截图（图 6-21 到图 6-31）均为 Cisco dCloud 云实验平台中的实验 Cisco Firepower Next-Generation Firewall Lab v1.5 截图。

注意，FDM 虽然操作非常简单，很适合缺少防火墙管理经验的技术人员迅速上手，但它毕竟是集成在各个防火墙设备中的图形化管理界面，在网络中存在多台防火墙的情况下，利用每台设备系统中集成的 GUI 一一进行配置是一项既艰巨又复杂的工作，不仅工作量和耗时成倍增加，而且保持各个设备上配置的正确性和一致性更是相当困难。因此，拥有一定规模的网络往往会部署 Cisco Firepower 管理中心（Firepower Management Center，FMC）。FMC 的作用是通过一个统一的管理界面，对大量安全设备进行统一管理，包括 Firepower 系列下一代防火墙、ASA 5500-X 系列防火墙、Firepower 系列下一代 IPS、提供 FirePOWER 服务的 ISR 和高级恶意软件保护（AMP）。使用 FMC 来管理 Firepower 的内容本节不予介绍，有兴趣的读者可自行学习。

6.5　硬件防火墙实施 IPSec VPN

本节会通过 Firepower 的 FDM 实施一个简单的站点到站点 IPSec VPN，使用的拓扑如图 6-32 所示。

> 注释：本节只演示与 IPSec VPN 有关的配置步骤。因此，本节默认图 6-32 所示的基础网络配置已经全部完成。

> 说明：本节采用的仍然是 Cisco dCloud 云实验平台中的 Cisco Firepower Next-Generation Firewall Lab v1.5 实验环境。

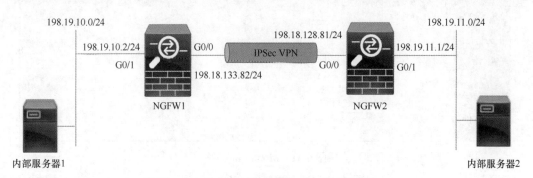

图 6-32　简单的站点到站点 VPN 拓扑示例

要通过 FDM 配置站点到站点 VPN，需要先针对源网络和目的网络生成两个对象。首先，单击 Objects 标签，在默认的 Network 选项中单击加号（+）增加网络对象，如图 6-33 所示。

现在，分别为 NGFW1 身后的局域网和 NGFW2 身后的局域网各自定义一个网络对象，以备在配置站点到站点 IPSec VPN 时进行调用。

具体做法是在 Name 字段填入这（两）个网络对象的名称，Type 都选择 Network，Network 字段分别按照图 6-32 所示，填入 NGFW1 身后局域网和 NGFW2 身后局域网的网络地址，完成之后单击 OK，如图 6-34 和图 6-35 所示。

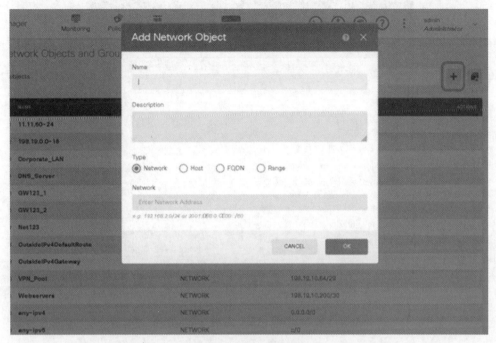

图 6-33 添加网络对象

图 6-34 为 NGFW1 身后的局域网定义网络对象

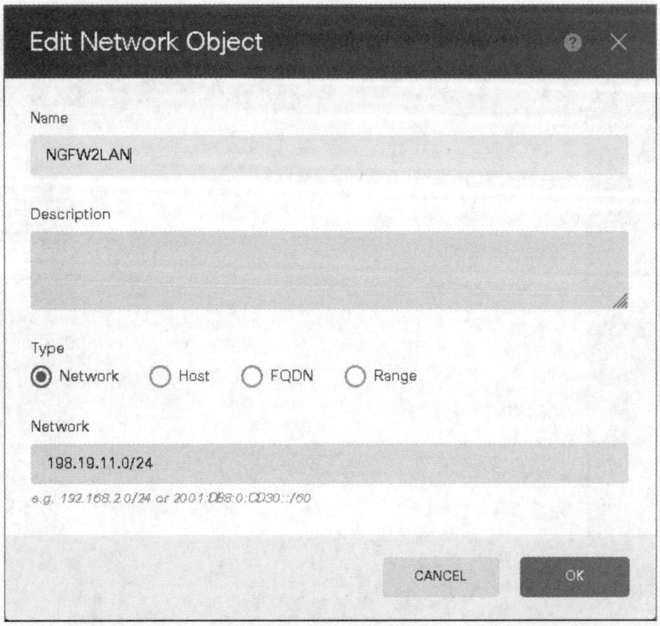

Edit Network Object

Name

NGFW2LAN|

Description

Type

⦿ Network ◯ Host ◯ FQDN ◯ Range

Network

198.19.11.0/24

e.g. 192.168.2.0/24 or 2001:DB8:0:CD30::/60

CANCEL   OK

图 6-35   为 NGFW2 身后的局域网定义网络对象

接下来，需要创建站点到站点 VPN 连接。单击 Device 标签，然后单击图 6-24 所示的 Site-to-Site VPN 标签下边的 View Configuration。此时，FDM 会显示如图 6-36 所示的界面。

图 6-36   创建站点到站点 VPN

在图 6-36 中，单击 CREATE SITE-TO-SITE CONNECTION 按钮，开始配置站点到站点 IPSec VPN 的各项参数。

在创建站点到站点 VPN 的向导中，第一步是定义端点。在打开的 Define Endpoints 页面中，需要给这个连接配置文件输入一个名称。在本例中，将其命名为了 Site2SiteVPN，同时还需要如下所述的操作。

- 在 Local VPN Access Interface 下拉菜单中，选择用本设备（NGFW1）的哪个接口来作为本地 VPN 接入接口，这里应该选择 G0/0 接口（见图 6-32）。
- 单击 Local Network 下面的加号（+），添加本地网络对象，在下拉菜单中选择图 6-34 中定义的网络对象 NGFW1LAN，并单击 OK。因为从 NGFW1 的角度看，本地网络就是网络对象 NGFW1LAN 定义的网络 198.18.10.0/24。
- 在 Remote IP Address 输入 NGFW2 上用来建立站点到站点 VPN 的那个接口的 IP 地址，因此这里需要输入的 IP 地址为 198.18.128.81。
- 单击 Remote Network 下面的加号，添加远端网络对象，在下拉菜单中选择图 6-36 中定义的网络对象 NGFW2LAN，并单击 OK。因为从 NGFW1 的角度看，远端网络就是网络对象 NGFW2LAN 定义的网络 198.18.11.0/24。

完成上述操作之后的页面如图 6-37 所示。

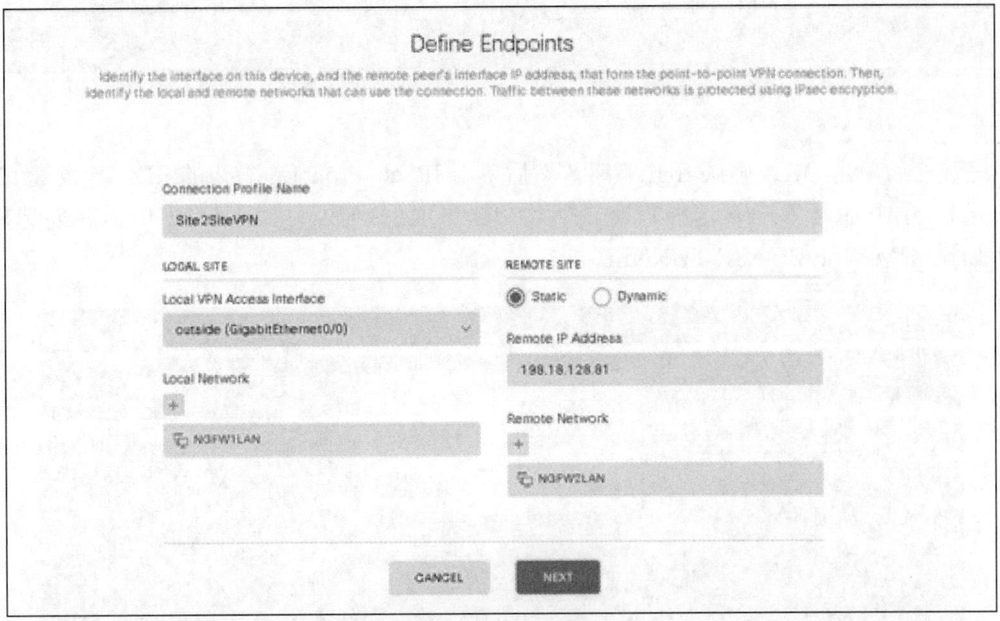

图 6-37 定义端点

完成之后，单击 NEXT，开始配置 IKE Policy。这里可以选择 IKE 的版本。由于第 5 章只对 IKEv1 进行了介绍，因此在这里也仅演示 IKEv1 的配置。

因为默认的配置为 IKEv2，所以需要关闭 IKE Version 2，选择 IKE Version 1。然后单击 IKE Policy 右边的 EDIT，设置 IKE 策略。例如，在图 6-38 中，我们选择了 SHA-AES256-GROUP14-PRE_SHARED_KEY。

图 6-38　选择 IKE 策略

　　完成之后单击 OK，确认 IKE 策略。然后单击 IPSec Proposal 右边的 EDIT，设置 IPSec Proposal。单击加号（＋），选择策略，然后单击 OK。例如，在图 6-39 中，我们选择了 ESP_SHA_HMAC-ESP_ASE-TUNNEL。

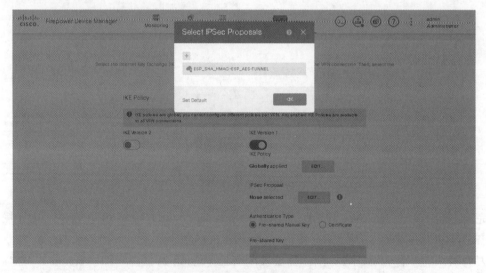

图 6-39　选择 IPSec Proposal 设置

完成之后单击 OK。

接下来选择 Authentication Type。本例中选择了 Pre-shared Manual Key，然后在下面的

Pre-shared Key 部分输入了预共享的密钥，如图 6-40 所示。

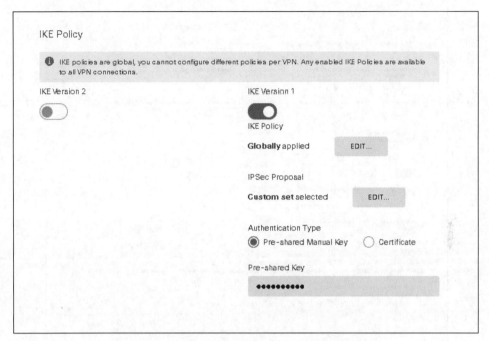

图 6-40　选择 Authentication Type 并输入预共享密钥

　　下拉滚动条，下面还有一些可选项可以进行设置。例如，可以把 G0/1 设置为 NAT 豁免的接口，如图 6-41 所示。

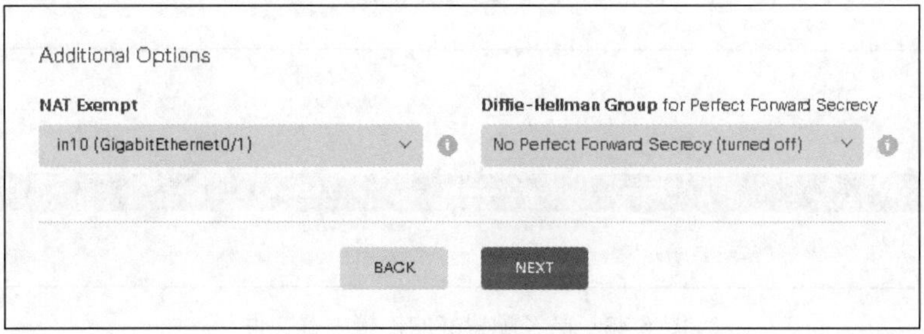

图 6-41　设置 NAT 豁免接口

　　完成 IKE 策略设置之后，单击 NEXT。此时，站点到站点 VPN 设置向导就会显示出这个连接配置文件的设置汇总，如图 6-42 所示。

　　在汇总页面中，可以浏览自己在前面所作的设置。如果发现问题，可以单击 BACK 按钮进行修改。如果没有问题，单击 FINISH。于是，就可以在 Site-to-Site VPN 的 View Configuration 页面中看到自己配置好的连接配置文件，如图 6-43 所示。

图 6-42　站点到站点 VPN 连接配置文件的设置汇总

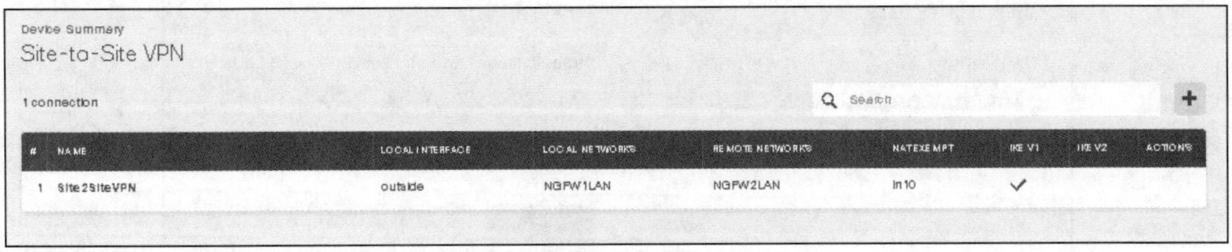

图 6-43　已经配置好的连接配置文件

完成站点到站点 VPN 的连接配置文件之后，下面需要设置访问控制策略，以放行从 NGFW2 身后网络发来的流量。

单击 Policy 标签，在默认的 Access Control 策略中，单击搜索栏右侧的加号（+），添加新的访问控制策略，如图 6-44 所示。

在图 6-44 所示的页面中，把 Order 选择为 1，命名这个访问控制策略。这里把这个访问控制策略命名为 ForSite2SiteVPN。然后在 SOURCE 部分的 Zones 旁边单击加号（+），选择

outside_zone，然后单击 OK；继续在 SOURCE 部分的 Networks 旁边单击加号（+），选择 NGFW2LAN。

图 6-44 新增访问控制策略

选好源区域和源网络的对象之后，弹出如图 6-45 所示的页面。

图 6-45 设置访问控制策略的顺序、名称、源区域及源网络

接下来，如果希望防止来自 NGFW2LAN 网络的入侵行为，可以单击 Add Access Rule 页面中的 Intrusion Policy，然后单击 INTRUSION POLICY 旁边的按钮，针对匹配该策略的流量启用入侵监测，并且选择入侵策略的级别。在这里，可以选择 Connectivity Over Security、Balanced Security and Connectivity、Security Over Connectivity 和 Maximum Detection。显然，这几个选项从上到下"草木皆兵"的程度越来越高。在图 6-46 中，我们把监测策略的级别设置为 Balanced Security and Connectivity。

另外，也可以单击 Add Access Rule 页面中的 File Policy 标签，在 SELECT THE FILE POLICY 下拉列表中选择针对恶意软件的策略。在图 6-47 所示的页面中，我们选择了 Block Malware All。

完成这个访问控制的策略之后，可以单击 OK，让设备生成对应的策略。这样一来，在 Policy 标签的 Access Control 策略中，就可以看到刚刚生成的策略了。

图 6-46　针对配置的访问策略设置入侵监测策略

完成上述配置之后，单击页面右上角的 Deploy。此时 FDM 会弹出一个对话框，显示当前所作的所有未部署的配置，如图 6-48 所示。确认无误之后，单击 DEPLOY NOW 按钮立刻部署这些设置。

图 6-47 选择针对恶意软件的策略

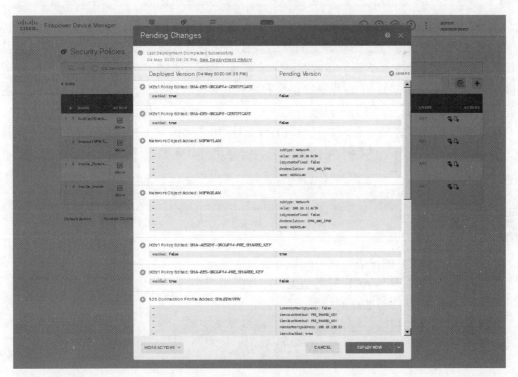

图 6-48 部署所作的设置更改

部署完成后单击 OK，会发现 Deploy 上的黄色标记（提示有配置更改尚未部署）已经消失。

截止到这一步，NGFW1 上与站点到站点 IPSec VPN 有关的配置已经完成。下面需要在 NGFW2 上执行对称的配置。在配置完成之后，可以首先进入一台防火墙（如 NGFW1）的 FDM，然后单击右上角的 CLI Console，输入命令 **show crypto ipsec sa peer** *peer-address*（如 **show crypto ipsec sa peer 198.18.128.81**）来查看 SA 的建立情况。此时，由于没有感兴趣流激活 SA 的建立，因此命令行会显示没有 SA 建立起来。

接下来，可以在图 6-32 所示的任何一台内部服务器上，向另一台内部服务器发起 ping（注意，服务器上需要有去往另一端 LAN 的路由），然后再回到那台防火墙，进入 CLI 并输入命令查看 SA 的建立情况，此时会发现 SA 已经建立起来。

建议读者在有条件的情况下，通过 FDM 自行尝试完成本环境基础网络的搭建工作，并且最后独立完成测试工作。如果时间允许，读者应该尝试站点到站点 VPN 配置向导中的其他选项进行设置，例如选择证书认证（而不是预共享密钥认证），或者使用 IKEv2（而不是 IKEv1）等，并且尝试不同的配置组合。

6.6 小结

本章首先对访问控制列表（ACL）的工作方式，以及如何在思科 IOS 系统中配置访问控制列表来筛选流量进行了比较详细的介绍。接下来，介绍了防火墙的发展历史，以及每一代防火墙所带来的技术革新。在此基础之上，本章介绍了如何在思科 IOS 系统中配置基于区域的防火墙（ZFW），作为背景知识，我们也对基于上下文的访问控制（CBAC）进行了简要的介绍。然后，介绍了思科硬件防火墙产品线的发展过程，以及各代思科硬件防火墙对应的操作系统和管理界面，并且对 FDM 图形化界面的重要标签和功能进行了简要说明。最后，通过一个简单的网络拓扑演示了如何使用 FDM 图形化界面来配置站点到站点 IPSec VPN。

6.7 习题

1. 下列关于 ACL 的说法，正确的是哪项？
   A. ACL 的编号与 ACL 的类型无关
   B. ACE 的顺序与处理的结果无关
   C. ACL 使用通配符掩码还是掩码与设备类型无关
   D. ACL 的应用方向与生成 ACL 的语句无关

2. 命令 **ip access-group 1 in** 的目的是什么？
   A. 创建/生成 ACL 1
   B. 调用/应用 ACL 1
   C. 把 ACL 编号为 1
   D. 把 ACL 的匹配协议定义为 IP

3. 代理防火墙和自适应代理防火墙的区别在哪里？
   A. 能否通过状态化列表自动放行返程流量
   B. 是否集成了入侵防御系统
   C. 能否在代理模块和包过滤模块之间切换
   D. 是否支持软件定义安全

4. 在 ZFW 上，一个端口被划分到一个区域中，另一个端口没有划分到任何区域中。下面的描述中正确的是哪项？
   A. 它们能否通信取决于防火墙上的其他策略
   B. 它们可以相互通信
   C. 它们不能相互通信
   D. 它们默认不能相互通信，但可以放行它们之间的通信

5. 下列关于 Firepower 管理界面的说法，错误的是哪项？
   A. FXOS 和 PIX OS 在用法和功能上都很类似
   B. Firepower 可以使用 PIX OS 来执行 CLI 管理
   C. Firepower 自带的 FXOS 有很多功能无法实施
   D. FDM 是 Firepower 设备自带的主要管理工具

6. 下列关于 Firepower 默认设置的叙述中，错误的是哪项？
   A. 管理 IP 地址为 192.168.45.45
   B. 内部接口 IP 地址从内部网络自动获取
   C. 外部接口 IP 地址从外部网络自动获取
   D. 管理账号的用户名为 admin

7. Firepower 的标签中不包含下列哪一项？
   A. Device
   B. Monitoring
   C. Security
   D. Policy

8. 通过 FDM 配置 VPN 时，应该使用哪个标签？
   A. Device
   B. Monitoring
   C. Security

    D.　Policy

9.　通过 FDM 配置访问策略时，应该使用哪个标签？

    A.　Device

    B.　Monitoring

    C.　Security

    D.　Policy

10.　如果一个网络中部署了多个 Firepower，那么在这个网络中管理 Firepower 的最合理方式是使用什么？

    A.　FDM

    B.　FXOS

    C.　PIX OS

    D.　FMC

第 7 章

管理安全网络

　　本章是本书的最后一章。本章会介绍一些常用的工具。这些工具可以对一个网络的安全性进行测试，判断网络中哪些设备、端口、系统可以成为网络攻击的对象。对于专业网络安全从业人员也即白帽黑客来说，这些信息可以用来进一步改善这个网络的安全性。对于黑帽黑客来说，这些信息则足以让他们针对该网络发起一次有威胁的攻击。

　　除了安全测试工具之外，本章也会介绍如何制订完整的安全策略。相较于实施某个具体的安全特性，拥有合理而又完整的安全策略属于网络安全性的顶层设计，是对网络安全性有效性的保障。

7.1　网络安全测试

　　在雅典西北 150 公里左右的希腊圣地德尔菲，阿波罗神庙入口曾经镌刻着三句箴言，称为"德尔菲神谕"，其中最有名的一句是"认识你自己"（γνωθι σεαυτόν）。无独有偶，在几乎同一个历史时期，中国的《道德经》第 33 章中也留下了一句类似的哲言"自知者明"。在那个人类对身外世界的认识还非常有限的年代，先哲却不约而同地提醒人们，把目光放到自身其实同样重要，甚至更为重要。

　　前面章节大量着墨了网络安全的攻击手段，以及各个网络设备提供的应对措施。这些内容都是增强网络安全性的手段，但最重要的一点是，部署了这些技术之后，我们的网络真的已经足够安全了吗？我们如何才能认识自己的网络，拥有自知之明呢？

　　如果一个网络对安全性要求比较高，那么在网络部署完成之后，企业往往会在验收之前签约网络安全公司，让专门的白帽黑客团队来对这个网络执行渗透测试，以此评估网络的安全性。这就像史泰龙在电影"金蝉脱壳"中扮演的角色一样——专门代表美国国家安全局对刚刚落成的监狱进行越狱测试，以此来测试监狱的安全性。这些网络安全公司执行网络安全测试的重要方法就是使用工具对网络进行扫描。本节会简单介绍两种最为常见的网络测试工具，即 Nmap 和 Nessus。

7.1.1　Nmap 和 Zenmap

　　Nmap 是一款最为常用的开源网络安全工具，它的普及程度让它出现在了包括"黑客帝国"在内的大量影视剧作品中。这款工具最初是由 Gordon Lyon 于 1997 年发布的，这个最初版本的 Nmap 只是一个端口扫描工具。Nmap 目前的稳定版本为 7.8 版，发布于 2019 年 8 月。最新版本的 Nmap 已经可以提供下列基本功能。

- **主机发现**：检测网络中的目标主机是否开机并且联网。
- **端口扫描**：检测目标设备上处于开启状态的端口。
- **版本检测**：检测目标网络设备上运行的应用类型和版本。
- **操作系统检测**：检测目标网络设备的操作系统。

要使用 Nmap，需要首先下载并且安装。

如果计算机使用的是 Windows 操作系统，那么在安装时需要首先同意许可协议，如图 7-1 所示。

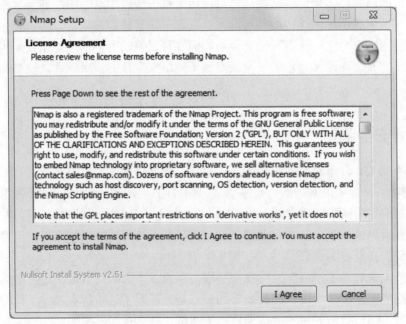

图 7-1　同意安装 Nmap 的许可协议

接下来，安装文件会提示用户选择要安装哪些组件，如图 7-2 所示。推荐保持默认选项，然后单击 Next。

在选择了安装路径之后，系统就会开始安装 Nmap 及各种组件。在安装的过程中，系统也会提示安装相关的组件。这时依然可以直接使用默认的选项。总之，安装的过程比较简单，基本上只需要一直确认即可。

安装完成之后，会看到如图 7-3 所示的提示，此时继续单击 Next。

在单击 Next 之后，安装文件会询问是否需要生成开始菜单快捷方式（Start Menu Folder）或桌面快捷方式（Desktop Icon）。按照自己的需要进行选择后单击 Next，再单击 Finish，Nmap 安装即告完成。

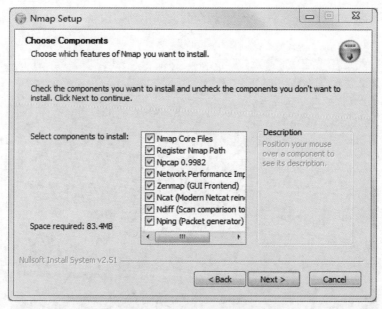

图 7-2　选择要安装的组件

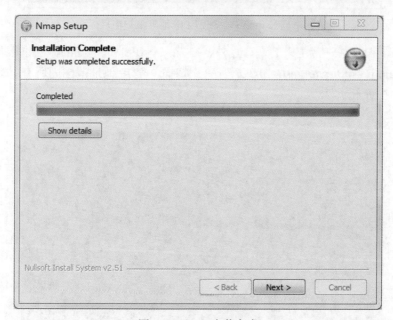

图 7-3　Nmap 安装完成

Nmap 本身是一个命令行操作界面的工具。在安装完成后，我们可以在"开始"栏输入 cmd，进入 Windows 操作系统的命令提示符，开始使用 Nmap 工具。

对于 Nmap 工具来说，最基本的命令就是 **nmap** *tragetIP*，这条命令的作用就是扫描指定

IP 地址的目标设备。输入命令之后，Nmap 就会就会显示对应设备打开的端口等信息，如图 7-4
所示。

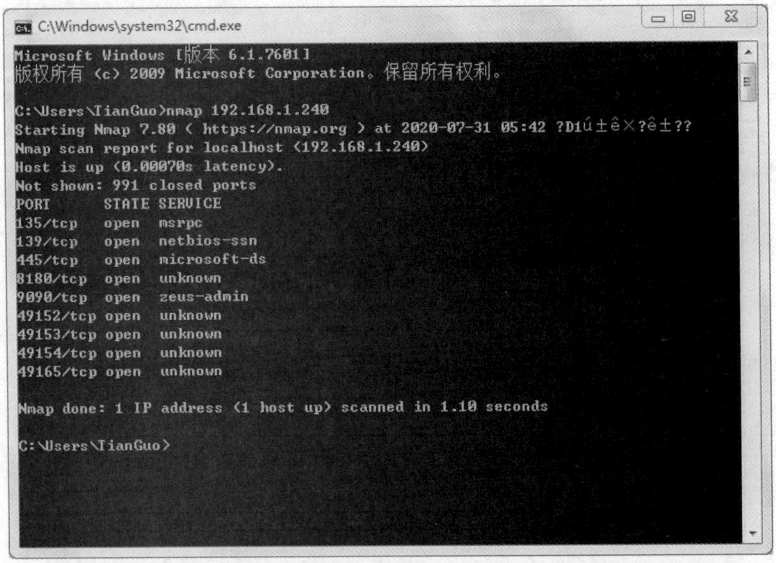

图 7-4　通过 **nmap** 命令使用 IP 地址来扫描目标设备

当然，除了扫描某一台主机的端口之外，扫描一个 IP 地址范围的做法也很常见。这时可
以使用命令 **nmap –sn** *firsttargetIP-lasttargetIP* 来扫描一个 IP 地址范围内所有启动并且联网的
主机，如图 7-5 所示。

图 7-5　通过 **nmap -sn** 命令扫描一个 IP 地址范围（192.168.100～255）内的设备

注释: 使用**-sn**参数是为了让 Nmap 只扫描活动主机,而不再提供诸如端口号等详细参数。

使用命令 **nmap –sn** 不仅可以扫描一个IP地址范围,而且也可以用空格隔开多个IP地址,从而连续扫描多个目标主机,如图 7-6 所示。

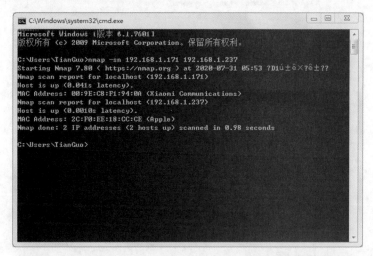

图 7-6 通过 **nmap -sn** 命令使用多个 IP 地址来扫描多台目标设备

另外,使用命令 **nmap –sn** *IPaddress/Subnetmask* 可以扫描一个子网范围内所有启动并且联网的主机,如图 7-7 所示。

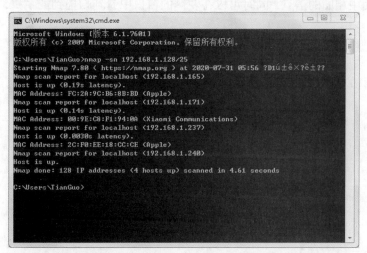

图 7-7 通过 **nmap -sn** 命令扫描一个 IP 子网(192.168.1.128/25)内的设备

当然,如果读者观察并且对比了本节标题和图 7-2 中的 Nmap 可选组件,就会发现 Nmap 其实提供了一个 GUI,这个 GUI 叫作 Zenmap。在安装 Nmap 的最后阶段,系统也会要求用户选择是否需要生成开始菜单快捷方式或桌面快捷方式。如果希望使用 Zenmap 这个 GUI,

就可以通过开始菜单或桌面中的 Nmap – Zenmap GUI 图标来启动 Zenmap。启动之后，可以看到如图 7-8 所示的图形化界面。

图 7-8　Zenmap GUI

把图 7-7 中输入的命令输入 Zenmap GUI 的"命令"栏中，就可以在"Nmap 输出"中看到和命令行界面中相同的信息，同时可以在左侧的窗口中看到扫描到的主机，如图 7-9 所示。

图 7-9　在 Zenmap 中通过 **nmap -sn** 命令扫描一个 IP 子网（192.168.1.128/25）内的设备

在执行扫描之后，可以单击右侧的标签来查看和端口、拓扑、主机相关的信息，这里不再一一演示。

值得一提的是，Nmap 使用方面的内容可深可浅，以 Nmap 单独成书的作品并非绝无仅有。希望深入学习 Nmap 的读者，可以购买这类详细介绍 Nmap 使用方法的图书。

7.1.2 Nessus

Nessus 是一款商用网络扫描器，这款软件的开发者 Renaud Deraison 最初也是希望提供免费的扫描软件。但是到了 2002 年，Renaud 创建了 Tenable Network Security 公司，该公司收回了 Nessus 的版权，并对这款软件进行了商业化。虽然 Nessus 是一款商业软件，不过它也提供了只能扫描 16 个 IP 地址的测试版本，同时它的收费版本也提供了一段免费的试用期。这款软件可以在它的官方网站下载，我们只需要注册一个邮箱，就可以下载到适用于不同平台的 Nessus。

如果使用的平台是 Windows，那么下载完成之后，运行该文件就可以进入安装向导，如图 7-10 所示。

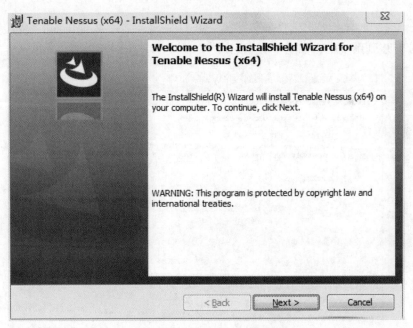

图 7-10　Tenable Nessus 安装向导 1

单击 Next 之后，安装向导会出现许可协议，只需要勾选 I accept the terms in the license agreement 单选按钮同意这个许可协议，然后单击 Next，如图 7-11 所示。

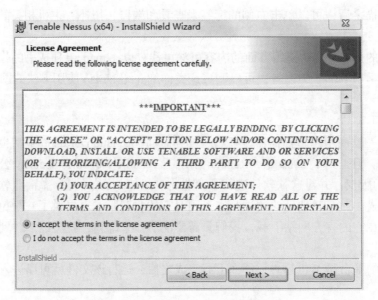

图 7-11 Tenable Nessus 安装向导 2

接下来，安装向导会要求选择安装路径，单击 Next，继续单击 Install，安装向导就会开始把 Nessus 安装到系统中，如图 7-12 所示。

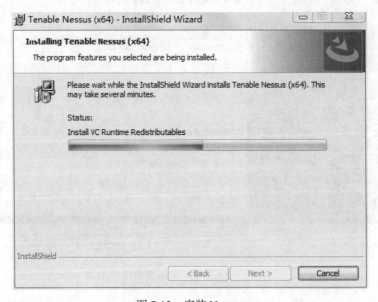

图 7-12 安装 Nessus

安装完成之后，单击 Finish。在安装完成之后，会弹出一个浏览器来访问本地端口，这时忽略安全证书错误提示并继续访问，就会看到浏览器要求用户选择自己要使用的 Nessus 版本。如果选择能扫描 16 个 IP 地址的试用版，则需要选择 Nessus Essentials，如图 7-13 所示。

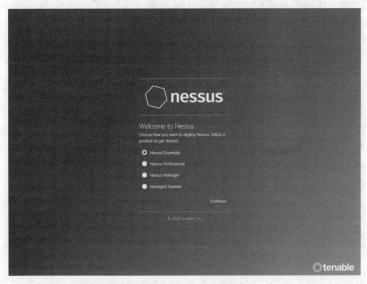

图 7-13　选择 Nessus Essentials

接下来，在系统要求自己输入姓名和 Email 的页面中，单击 Skip。在接下来出现的页面中，输入自己邮件中接收到的激活码，然后单击 Continue，如图 7-14 所示。

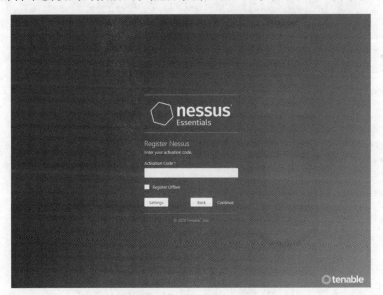

图 7-14　输入在线激活码

在接下来的页面中，需要设置登录的用户名和密码，如图 7-15 所示。

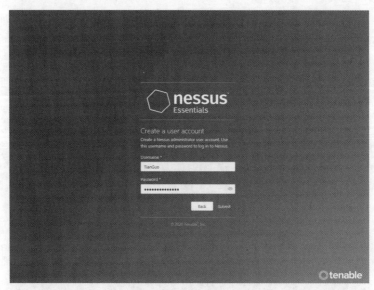

图 7-15 注册用户账号

创建账号之后，Nessus 就会开始执行初始化，并且从官网下载插件，这个过程会比较漫长。完成之后，就会看到 Nessus 的网页界面及一份欢迎信息。在这份欢迎信息中，Nessus 会提供一些使用方式，如图 7-16 所示。

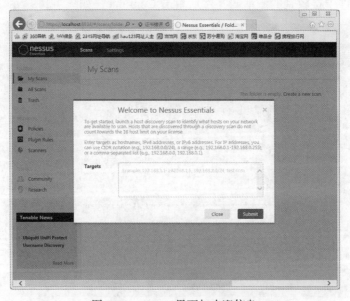

图 7-16 Nessus 界面与欢迎信息

如果按照欢迎信息的提示在 Targets 框中输出要扫描的子网，然后单击 Submit，就会看到 Nessus 开始发现主机。完成主机发现之后，Nessus 会显示在这个网络中发现的设备。此时可以勾选自己希望扫描的设备，然后单击 Run Scan 对该主机执行扫描，如图 7-17 所示。

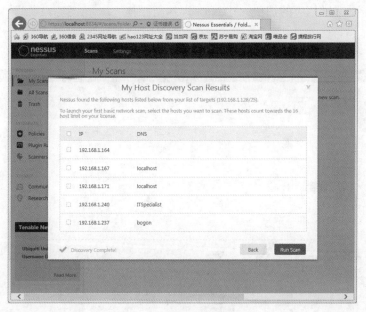

图 7-17 扫描发现的主机

如果不使用欢迎界面提供的窗口，也可以直接在欢迎界面中单击 Close，进入 Nessus 的界面，如图 7-18 所示。这时，可以在左侧的 My Scans 标签中，单击 Create a new scan 或者单击右上角的 New Scan 按钮执行新的搜索。

图 7-18 Nessus 网页界面

单击之后，可以看到新的页面中出现了很多主机和漏洞扫描选项，如图 7-19 所示。这时可以根据工作需要选择相应的选项，让 Nessus 执行扫描。

图 7-19　Nessus 的扫描选项

如果选择了 Basic Network Scan，那么 Nessus 就会弹出如图 7-20 所示的页面。在这个界面中，必填的项目是这次扫描的 Name 和 Targets，然后单击下面的 Save。

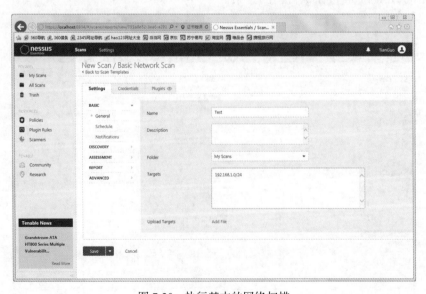

图 7-20　执行基本的网络扫描

　　单击 Save 之后，可以在 My Scans 看到创建的扫描项 Test。在需要执行扫描的时候，单击这一栏中右侧的▶键来启动扫描，如图 7-21 所示。

图 7-21　启动扫描

　　开始执行扫描之后，单击 Test 扫描项，就可以看到目前扫描的结果，如图 7-22 所示。除当前的 Host 标签之外，通过 Vulunabilities 还可以看到更加详细的扫描结果。有关 Nessus 更加详细的使用方法，建议读者在自己搭建的虚拟环境中去进一步测试和发掘。

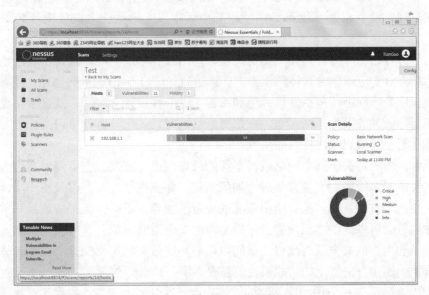

图 7-22　查看 Nessus 扫描的结果

本节我们演示了 Nmap 和 Nessus 的安装及简单的使用方法。有关这两项工具的更多内容，读者可以自行学习掌握。

7.2 制定全面的安全策略

1.1 节曾经提到过安全策略的概念和组成。本节再次提出这个概念，以便利用这个概念来为本书作结。

企业安全策略是对一家组织机构中所有技术与信息资产合法使用者所必须遵守的操作准则而定义的正式条款。一份全面的安全策略，至少应该包括标准、基线、指导方针和流程，同时还需要在各文档中都包含策略。总之，安全策略就是一套包含了计算机安全规则详细内容的文档。这些文档的概念如下所述。

- **标准**：顾名思义，标准就是指业内公认的一套最佳实践、框架、统一的概念与设计、操作准则，因此标准在安全策略中扮演着定义规范的作用。各行各业都有自己的行业标准，在信息安全管理领域，比较著名的标准包括 ISO 27002（中国大陆地区相对应的标准为 GB/T 22081—2008）和 COBIT 2019。在安全策略中，其他部分需要参考标准所定义的准则。同时，在一份信息安全策略中，设计者可以针对不同的具体事项起草具体的标准，比如密码标准、局域网安全标准、用户等。
- **基线**：基线是指这个网络或者系统必须满足的安全底线。所以，基线定义了这个网络、系统满足最低程度安全需求的手段，而这个最低程度的安全需求需要在整个组织机构的所有系统中保持一致。比如，一家企业可以定义这样的桌面系统基线：规定所有桌面系统都必须使用某个版本以上的操作系统，或者必须打上某个补丁。
- **指导方针**：指导方针的作用是定义这个网络或者系统的具体最佳实践。也就是说，指导方针中应该包含具体的操作方式。这就像图 1-5 中展示的那样，指导方针的详细程度介于标准（概括性设计）和流程（细节性设计）之间。从这个角度看，标准和指导方针的最大区别在于，在部署网络的时候，指导方针可以当作参考资料，而标准则在扮演规范性材料的角色。
- **流程**：流程是关于这个网络或者系统的最详细设计方案。它需要对实施人员应该如何实施安全策略，维护人员应该如何监控、保证网络安全，以及用户应该如何安全使用网络这一系列问题，给出系统的规范性指导。所以，流程应该是非常具体的，在执行时可以提供详细指导。一份全面的安全策略应该包含提供给实施人员、管理人员和用户的安全策略流程。他们可以利用这份文档了解到这个系统具体的实现、维护、使用方法。比如，如果我们需要介绍"Nmap 的安装流程"，那么这份文档至少应该达到 7.1 节中相应文字的详细程度。这是因为只有给操作人员提供了尽可能多、尽可能详细的信息，他们才能按照设计意图来实施、维护和贯彻安全策略。在整个安全策略中，操作人员对流程的了解应该是最详细的，因为他们的操作细节都应该包含在这份文档中。

■ **策略**：策略是整个安全策略的基本要素，其中应该涉及应对安全风险的措施。策略并不是一份专门的文档，而是应该大量贯穿在上述文档中。比如，各个安全策略文档中都有可能包含局域网安全策略、访问控制策略、入侵防御策略、应用安全策略、设备管理策略、终端用户策略等。

一份全面的安全策略应该包含上述内容。这也就是说，它应该包含这个网络、系统中各个事项的标准、基线、指导方针和流程。然而，一份全面的安全策略并不能代表它就是一份完备的安全策略，它需要经过认真的设计和规划。

7.3 小结

本章首先介绍了网络安全测试的基本概念及两款常用网络扫描工具的安装和基本使用方法，这两款工具是 Nmap 和 Nessus。这些内容非常简单，建议读者以这部分内容为起点，开始尝试使用信息安全工具。

接下来，7.2 节介绍了一份全面的安全策略中应该包含的组成部分，以及其中各个组成部分分别应该提供什么样的信息。本节的主要目的是对安全策略这个概念进行比较详细的说明，为读者起草安全策略提供基本的参考。

7.4 习题

1. 要使用 Nmap 扫描子网 192.168.1.128/25，应该使用下列哪条命令？
   A. **zenmap -sn 192.168.1.129-255**
   B. **zenmap -sn 192.168.1.0/24**
   C. **nmap -sn 192.168.1.129-255**
   D. **nmap -sn 192.168.1.0/24**
2. 如果使用习题 1 中所列的正确命令扫描子网 192.168.1.128/25，则无法看到该子网中主机的哪些信息？
   A. 打开的端口号
   B. IP 地址
   C. MAC 地址
   D. 网络适配器制造商

3. 网络安全实施人员在配置防火墙时，最有可能在下列哪个文档中看到防火墙的详细配置流程？

　　A. 防火墙安全标准

　　B. 防火墙安全基线

　　C. 防火墙实施指导方针

　　D. 防火墙实施流程